Content Inc.

Completely Updated and Expanded Second Edition: Start a Content-First Business, Build a Massive Audience and Become Radically Successful (with Little to No Money)

內容電力公司

用好內容玩出大事業（增補更新版）

喬・普立茲 Joe Pulizzi　　廖亭雲——譯

獻給蔻拉

目錄

序章

明白事理的人努力適應世界；不可理喻的人卻想迫使世界適應自己。因此所有的進步皆有賴於那些不可理喻之人。

——改寫自蕭伯納（George Bernard Shaw）

本書介紹的內容創業模式（Content Inc. model）救了我一命。

長話短說：

二〇〇七年我從薪資七位數的出版業工作離職，接著開始創業。我已婚，有兩個小孩，分別是四歲和六歲，而且沒有多少存款。

一路跌跌撞撞、犯下數不清的錯誤之後，我們夫妻倆在二〇一一年首次達到一百萬美元銷售額的目標。到了二〇一五年，我們的銷售額差一點就衝上一億美元。

同一天，我寫下第一版的《內容電力公司》，書中詳細說明我們所採用的這一種商業模式，是如何讓我們在五年間從零開始到賺進數百萬美元。這本書有印刷版、數位版和音訊版，共計售出十萬本以上。

後續的故事如下。

二〇一六年六月，我們以將近三億美元的價格，將公司「內容行銷學院」(Content Marketing Institute)賣給市值數十億的英國活動籌劃公司。

我繼續留在公司一段時間，後來在二〇一七年末離職，並在二〇一八年整整休了一年的假。期間我飛往西西里探訪父親；投入比以往更多時間陪伴太太和兩個兒子；參加了幾場馬拉松；而且鮮少盯著社群媒體。應該可以這麼說吧，這是我人生中最完美的一年。

隔年，我寫了一本暢銷懸疑小說。

我決定成為全職小說家；將更多精力投入我們成立的言語治療非營利組織「橘色效應基金會」(Orange Effect Foundation)；並且在我家的兩個青少年離家上大學之前，與家人共度更多時光。

後來，OCVID-19重創美國（我想各位應該都很清楚怎麼回事）。沒錯，疾病與死亡襲捲而來，還有數百萬人失去工作與未來。無論你想像中最糟糕的情景是什麼樣子，世界似乎都有辦法如實呈現。

疫情期間，我收到一封好友寄來的電子郵件，當時她遭到裁員，想要更深入瞭解「內容創業模式」。

兩天後，另一位朋友聯絡我；接著又有第三位朋友來信。疫情爆發數個月後，「內容創業模式」強勢回歸。第一版書籍的銷售量在兩個月內成長三倍，我以前錄製的Podcast下載數量開始飆升，儘管我已經停止更新節目。

我該怎麼解釋，才不會顯得太過自大呢？這只是一種商業模式，沒有拯救世界的能耐。不過，在目前的環境下，我認為「內容創業模式」可以真正幫助到世界各地難以維持生計的人。如果有更多人可以運用「內容創業模式」打造出色的事業，並且實現財富自由呢？如果有更多在存亡之際的小型企業可以運用「內容創業模式」生存下去，甚至是蓬勃發展呢？如果，就連在大型企業裡，行銷團隊都可以運用這套模式持續經營、不斷成長，並聘僱更多人力呢？我暫時擱置懸疑小說續集的計畫，接著用電子郵件聯絡我在麥格勞希爾（McGraw Hill）的主編。我想要把《內容電力公司》（*Content Inc.*）這本書寫完；我在二〇一五年推出第一版《內容電力公司》時，創業過程只走到一半，現在我終於可以把剩下的故事說完。

我重啟了《內容電力公司》（*Content Inc.*）Podcast，並推出專為內容創業家設計的電子報《轉換》（The Tilt），也將「內容創業模式」澈底更新。

我非常幸運，我再也不需要為自己或孩子擔心錢的問題（這種感覺實在太美好了）。我希望有更多人可以擁有這樣的機會，而我認為這本書就是解答。

最重要的是什麼？

「內容創業模式」的核心概念如下：將培養受眾視為**首要之務**，確定產品與服務則為次要；創業家可以透過這種模式翻轉遊戲規則，大幅提升財務層面與個人的成功機會。

請容我再次強調：我認為當今創業的最佳模式，絕對**不是**先推出產品，而是打造出吸引受眾、並培養受眾的系統。一旦培養出忠實受眾，也就是那些受到你以及你提供的資訊所吸引的群眾，你就很有可能成功地向受眾銷售任何產品，而這套商業模式就稱作「內容創業模式」。

投入時間經營這套模式的內容創業家，不僅在事業上大獲成功，更獲得了富足的個人生活。如果可以確實執行「內容創業模式」，並且持續向特定的受眾提供理想的資訊，世界上任何一個人都一定能在五年內賺進五百萬美元。

大衛與歌利亞的真實故事

所有懷抱著成功夢想的企業家都會遇到困難，而這些種種困難都可以用聖經故事「大衛與歌利亞」概括說明，不過我們要用常見的兩種詮釋之一解讀這則故事。

我從小就開始接受天主教教育，因此經常聽到大衛與歌利亞之戰的故事。大衛是個徹頭徹尾的弱者；歌利亞則是非利士族巨人，也是地表上最強大的戰士。年輕的大衛根本沒有機會戰勝如此強大又高竿的戰士。

然而，大衛靠著對上帝的信仰以及一**把小石子**，也許再加上一點奇蹟，大衛成功擊敗了歌利亞。

傑克．韋曼（Jack Wellman）在其著作《基督教傳教者》（*Christian Crier*）指出：「歌利亞具備一切有力條件、佔盡所有優勢：他經過完整訓練、擁有良好裝備與豐富經驗，更因經歷多次戰鬥而顯得老練，他無所畏懼。歌利亞非常有自信，但也可說是過於自信。」此外，歌利亞還高達二〇五公分。

至於大衛則是又瘦又小，完全無法與對手相比。年輕的大衛得以贏得勝利，是因為他對上帝有至高的信心，而上帝與大衛同在，因此巨人輸了這場看似不可能敗北的戰鬥。當大衛採取傳說中的行動，對戰瞬間分出勝負：

> 大衛從囊中掏出一塊石子來，用機弦甩去，打中非利士人的額，石子進入額內，他就仆倒，面伏於地。
>
> 這樣，大衛用機弦甩石，勝了那非利士人，打死他；大衛手中卻沒有刀。大衛跑去，站在非利士人身旁，將他的刀從鞘中拔出來，殺死他，割了他的頭。非利士眾人看見他們討戰的勇士死了，就都逃跑。
>
> （撒母耳記上 第十七章）

大衛是因為信仰上帝才能打敗歌利亞，當然，也是因為上帝與大衛同在，他才有信心獲勝。不過，這則故事也許可以用另一種方式解讀。

歌利亞：弱者

麥爾坎．葛拉威爾（Malcolm Gladwell）在著作《以小勝大：弱者如何找到優勢，反敗為勝？》（*David and Goliath: Underdogs, misfit and the art of battling giants*）中，採用全新的觀點解讀這則故事，

而葛拉威爾的詮釋方法正好與我的創業精神不謀而合。

葛拉威爾指出，歌利亞的確是巨人，這也表示他的移動速度極為緩慢，另外，歌利亞還身著重達一百磅的盔甲。有些醫學專家認為，歌利亞患有肢端肥大症，這種賀爾蒙失調症會導致人體異常成長，如果以上猜測屬實，歌利亞的視力也很有可能受損。

那麼大衛呢？沒錯，大衛的身材瘦小，不過他也是個技術高超的「投石專家」，可以從遠處瞄準並擊中大型野獸。大衛的腳步輕盈，能夠無聲無息的靠近目標，即使距離遙遠也能成功狙擊。

聖經對這則故事的詮釋，讓我們了解到，像大衛這樣的弱者受到上帝眷顧，助其一臂之力擊敗歌利亞，而且是以非常強而有力的方式眷顧。事實上，歌利亞完全沒有獲勝的機會，**上帝眷顧大衛的方式，就是幫助他判斷出更好的策略**，這場戰鬥在開始前結局就已註定。

改變遊戲規則

大衛之所以能夠獲勝，是因為他採用和歌利亞完全不同的戰鬥方式。如果大衛改用傳統的決鬥方式對抗歌利亞，也就是一對一的肉搏戰，大衛肯定會大敗。

創業家腦中都有能夠讓自己飛黃騰達的絕妙想法，但大部分創業家所面對的狀況就像這則聖經故事一樣。小型企業的資源無法與明顯更大規模的競爭者相比，**這表示前者必須採取完全不同的遊戲規則**。

創業家無法獲得適切建議

根據美國中小企業局（Small Business Administration），創業的第一步是提出商業計畫。而一份標準的商業計畫必須包含如「定義產品」以及「設計銷售與行銷計畫」等要件，這是理所當然的事。如果你仔細看網路上數千份的商業計畫，會發現內容都大同小異，每一間新創公司都遵循相同的遊戲規則。

即使是PayPal共同創辦人以及Facebook首位一般投資人的彼得・提爾（Peter Thiel），也將其著作《從0到1》（*Zero to One*）的重點全部放在開發出全球從未見過並為之驚豔的產品。當然，提爾確實提出了一些很受用的創業建議，但這些建議的前提卻和業界其他專家一模一樣：先開發產品。也就是找出問題，再用出色的產品或服務解決問題。

但這套模式的成果卻不怎麼出色；根據美國中小企業局統計，大多數公司會在創業後五年內倒閉，而其他針對新創公司所作的統計數字則更不理想。

為什麼所有人都要用相同的方式進入市場？難道人類的創造力已經空洞至此，全然相信只有一種方法才能打造並發展事業嗎？

根據《華爾街日報》（*Wall Street Journal*），從二〇〇七年開始，美國人創業的速度變得前所未見地快，而這些企業多半還是採用產品先行的模式。

而我的看法是，請學學大衛。

內容創業模式是否可成功複製？

Copyblogger Media創辦人布萊恩．克拉克（Brian Clark）對於商業網路行銷有些絕妙的想法，但很不湊巧的（也許該說是幸運），他並沒有產品可銷售。

長達一年七個月的時間，布萊恩持續為一群目標受眾創作十分精彩的內容，同時他將自己的終極使命定為：「**創作出能與受眾接觸的媒體資產，毋需討好媒體守門人。**」

簡單來說，他努力成為能夠吸引正確受眾的專家資源，且不必在他人的平台上購買廣告。布萊恩確實有達到目標，現在Copyblogger已經是市值數百萬美元的教育平台。

在針對內容創業模式所作的研究中，我們發現無數名各產業的創業家都在運用相同的概念，換句話說，布萊恩和我並不是唯二因此成功的人。你知道更棒的消息是什麼嗎？內容創業模式確實可以成功複製。

內容創業模式的未來即是現在

如今，全球有數以千計的企業在利用內容創業模式，擬定進入市場的策略，為什麼？因為將受眾視為唯一的重點目標，並且直接培養忠實受眾，是釐清最終何種產品最適合銷售的最佳方法。

內容創業模式讓我們了解到，有一種更好的方式與策略，可以幫助創業家和企業主打造更美好的生活。你有機會成為大衛，全球業界的巨頭也許會視你為弱者，然而事實上，你早已發掘出他人無法超越的絕佳商業策略。

當現況是大型企業越來越大，不斷併吞世界各式的小型企業，這代表什麼？變革的時機成熟了。

內容創業模式

根據我們與上百間公司合作的經驗，並且經過數次與本書相關的訪談之後，我們發現內容創業模式包含六個明確的步驟，請見圖I.1。這些步驟是本書後續各章節的主題，下文會先簡短說明。

一、甜蜜點

簡單來說，創業家必須要發掘一個特定的內容領域，並且以此作為整個商業模式的基

圖I.1　內容創業模式簡介

礎，而為了達成這項目標，我們需要先辨識出能夠長期吸引受眾的「甜蜜點」。所謂甜蜜點，就是一套知識或技能（創業家或公司的長處）以及特定受眾需求兩者間的交點。

例如，農具製造商強鹿（John Deere）早在一八九五年就開始採用內容創業模式，方法是發行雜誌《車轍》（*The Furrow*）。《車轍》的甜蜜點就是以下兩者間的交點：強鹿的農業技術知識，以及農家（強鹿的受眾）對提升農場獲利相關資訊的需求。順道一提，《車轍》至今仍持續發行，每月訂閱數達數百萬本。

二、轉換內容

確認甜蜜點之後，創業家必須「轉換」觀點，也就是試圖辨認出區別自己與競爭者的關鍵因素，找出較少或完全沒有競爭者的領域。

克莉絲汀・博爾（Kristen Bor）開始寫部落格之後，持續記錄自己健行和背包旅行的過程，而二〇一五年的一場旅行改變了一切：

> 當時我剛結束在南猶他的背包旅行，在開車返家的途中……我經過大峽谷（Grand Canyon）北緣，那是我從來沒去過的地方。我真的很想去一探究竟……但是我獨自一人，天氣也不太好。所以我只能繞過去，心想：「噢，有機會再來吧。」
>
> 就是在這個時候，我開始對「車旅生活」（Van Life）有比較多瞭解。如果我有一台露營車，就可以（在大峽谷）臨時停留，然後在隔天四處看看。這個念頭激發了我最早的靈感。

當時，市面上有很多以旅行和背包旅行為主題的媒體網站、部落格和Podcast節目，但險少有談及車旅生活（住在露營車上旅行）的內容。因為遇到上述的情況，克莉絲汀發現了轉換內容的關鍵，讓她可以從眾多背包旅行網站中脫穎而出：車旅生活。現在，克莉絲汀每個月的網頁瀏覽次數超過五十萬，並成為全球知名的車旅生活專家。

三、穩固基礎

發現甜蜜點和找到轉換的關鍵之後，你需要選擇平台並且打穩內容基礎。就像建造住房一樣，在進入粉刷和選擇固定裝置及地板等步驟之前，必須先規劃和設置地基。這個階段的工作就是透過單一主要管道（部落格、Podcast、YouTube等等）持續產出有價值的內容。

安・里爾頓（Ann Reardon）現在被譽為澳洲雪梨的烘焙女王，當初是從二〇一一年開始經營Youtube頻道。她每週都會透過Youtube推出令人大開眼界的甜點食譜影片，觀眾遍布各國（現在訂閱人數已超過四百萬）。

安之所以成功，是因為她專精於單一平台，而不是一次跨足多個媒體。

四、培養受眾群

選擇適當的平台並建立穩固的內容基礎後，你會有機會增加受眾人數，並將一次讀者或受眾轉換為長期訂閱者。

此時就是我們善用社群媒體作為主要傳播工具的時刻，同時也要正視搜尋引擎最佳化的重要性。在這個階段，我們的目標並不只是增加網頁流量，畢竟就本質而言，網頁流量是沒有意義的指標。我們真正的目標是透過增加網頁流量，提升受眾人數成長的機會。

以下是Social Media Examiner（SME）執行長麥可・施特茨納（Michael Stelzner）執行這個流程步驟的相關經驗：

> 我明白取得電子郵件地址清單是關鍵指標，因此我決定，電子報訂閱數達到一萬人之前，絕對不推銷（也就是「販售」）任何產品。最終我們非常迅速地達到人數目標，於是我開始相信這種方式也能成功。
>
> 如今，每個月造訪SME的不重複人次高達兩百四十萬。我們每週向四十一萬六千人發送三封電子郵件；目前每週會發布四篇文章、兩集Podcast節目以及三支影片。

在這個領域最重要的認知就是：儘管有許多指標可以用於分析網路內容是否成功，最關鍵的指標還是訂閱人數。如果沒有先吸引讀者採取行動，並且實際選擇加入和訂閱你的內容，透過受眾創造收益或是擴大受眾都是不可能的事。

五、收益

創造收益現在就是最佳時機。你已經找到甜蜜點，接著「轉換」內容並找到競爭者稀少的領域，也選擇好平台且打穩基礎，然後開始累積訂閱人數。現在，就是這套模式透過平台創造收入的時刻。

此時此刻，你已經擁有充分的訂閱者資訊（包含量性與質性資訊），足以讓你發現各式各樣創造收益的機會，也許是諮詢、軟體、活動，或其他更多元的服務。

以內容行銷學院的營利模式為例，我們在初期是出售贊助機會來抵付支出，讓公司得以繼續營運。接下來的兩年，我們在銷售模式加入網路研討會、現場活動以及紙本廣告。圖I.2呈現出我們在五年間的收益成長幅度。

六、管道多樣化

一旦運用這套模式培養出強大、忠實、且持續成長的受眾，就可以開始從主要內容平台發展出多樣化的傳播方式。請想像這套模式是隻章魚，而每一種內容傳播管道就是其中一隻觸手，我們可以運用多少觸手拉攏讀者，讓他們更靠近自己一點，甚至是再度光臨？

一九七九年，ESPN原本是以體育專門頻道起家，由斯科特・拉斯穆森（Scott Rasmussen）與其父比爾・拉斯穆森（Bill Rasmussen）投資九千美元創立。而四十年後的今天，根據迪士尼的財報（ESPN現為迪士尼旗下品牌），ESPN是全球獲利最高的媒體品牌之一，營收超過四十億美元。

十三年來，ESPN將重心全數放在單一電視頻道，百分之百專注於培養受眾。接著從一九九二年開始，傳播管道多樣化的大門開啟：首先是ESPN電台開播，一九九五年ESPN.com（起初網站名稱為ESPN SportsZone）跟著上線，再三年後，ESPN同名雜誌也開始發行。

目前，ESPN在全世界每一種傳播管道都有法定上的財產，從Twitter、Podcast、到紀錄片，應有盡有。儘管上述的管道僅包含一九八〇與一九九〇年代的媒體（相較於今日），ESPN在核心平台（電視頻道）大獲成功前，並沒有貿然發展多樣化的傳播管道。

七、出售或擴張

我在二〇一五年首次發表「內容創業模式」時，整個流程只有六個步驟。而在這一版，我加入了很關鍵的第七個步驟。順利完成這套模式的前六個步驟之後，你會有一些值得考慮的選擇。

其中一個選項是保留資產，並大幅擴展事業規模。例如，馬修．派翠克（Matthew Patrick）在YouTube上經營大受歡迎的頻道「遊戲理論」（Game Theory），他決定不以數百萬美元的價格出售，而是推出「電影理論」（Film Theory）和「食物理論」（Food Theory），將小規模的事業轉型為快速成長的媒體、週邊產品和服務公司。

熱門Podcast節目《當紅企業家》（*Entrepreneur on*

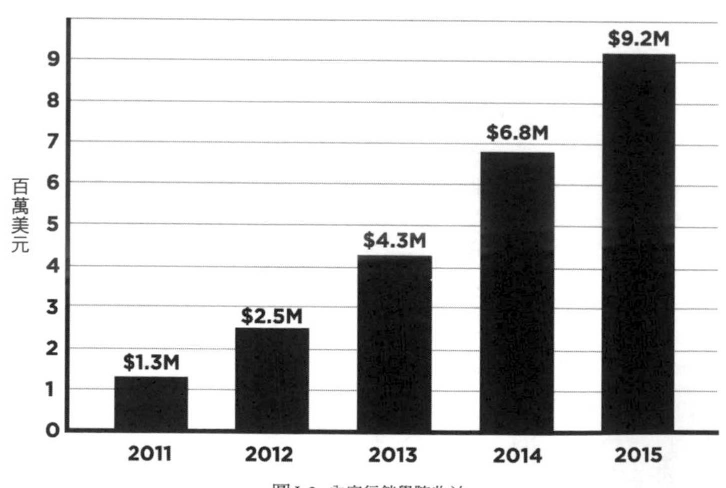

圖I.2　內容行銷學院收益

Fire）的創辦人約翰・李・杜馬斯（John Lee Dumas）則是另一個選擇不出售的例子，他選擇維持小規模的事業。約翰表示：「我們三個虛擬助理（每月費用不到三千美元）、七成以上的淨利率，而且每年可以維持幾百萬美元的收益。我並不想打造內容創業企業，而是想專注於生活風格設計，以快樂、健康和自由為重心。」

第二個選項是退出事業，就像我和太太在二〇一六年所做的決定。我們開始採行「內容創業模式」當時，目標就一直是將公司出售。我們設定好目標價格，並且在確定可以達到目標數字時開始推動出售流程。在本書後半部，我會仔細解說如果想要將自己的內容資產出售給另一個組織，並且從此過著財富自由（而且無憂無慮）的日子，你需要注意哪些事項。

適合本書的讀者

四十年前，哈佛商學院教授霍華・史帝文森（Howard Stevenson）用以下這段話定義創業精神（entrepreneurship）：「創業精神就是不顧現有的資源多寡，一心追求機會。」

在開始為這本書進行研究之前，我認為創業指的僅僅是新創事業，然而根據上述的定義，這當然是錯誤的假設。正如艾瑞克・萊斯（Eric Ries）在著作《精實創業》（*The Lean Startup*）中指出，當你用正確的定義看待創業，應該「不需要考慮企業規模、部門或發展階段等因素」。

同時萊斯也進一步說明：「一個由人組成、專事新產品或新服務的開發、未來發展具有高度不確定性的機構，稱之為初創事業。」同時探討**創業精神**與**新創事業**的核心定義，就是萊斯的論述重點，這兩個詞彙的指涉範圍絕不僅限於新興公司。

本書就是從這個觀點出發，並加以運用內容創業模式，書中介紹的數位商業模式經過證實有效，而且適用於任何規模的新創事業／創業家，包括：

- **純粹的新創事業**。你正在打造一個新的組織，並且作為內容創業家採用先創作內容、注重受眾需求的商業模式。你仰賴來自四面八方的資金維持事業，直到發掘出可帶來營收的產品或服務。
- **大型組織內的新創事業**。你接到指示，要負責從現有的客戶區隔（customer segment）中培養受眾，目標是運用分眾內容培養出忠實的受眾。而達成目標後，你要嘗試從平台創造收益，也許是銷售新產品、促銷現有產品，又或者是運用平台提升客戶的忠誠度。大多數企業進行的內容行銷都屬於這個階段，這些企業認為只要經營一個內容平台，就能對現有的事業有所助益，但他們卻不是百分之百確定該如何進行，也不清楚最終的益處為何。以這樣的案例而言，會有幾種模式：
- **大型企業**。像紅牛（Red Bull，極限運動）和電子經銷商艾睿電子（Arrow Eletronics）等組織，都已經累積充分的媒體資產和大量的受眾，有助於企業大幅成長。
- **教育機構**。想要以特定學科領域（物流、醫療保健、行銷等等）聞名的學校，賓州伊利市（Erie, Pennsylvania）的梅西赫斯特大學（Mercyhurst University）就是一例，該校運用內容創業模式建立網路安全領域的專業形象。在企業方面，施耐德電機（Schneider Electric）設立的能源大學（Energy University）已經有超過二十萬名畢業生。

- **政府或政治行動委員會**。如今，政府單位逐漸成為小型媒體公司，必須針對關鍵議題培養受眾，例如無條件基本收入或振興經濟措施。舉例來說，「林肯計畫」（Lincoln Project）是前美國共和黨員成立的組織，他們持續宣傳新的共和黨未來應該要抱持哪些理念，因而累積了大量的受眾。面對社群媒體和其他傳統媒體管道上與日俱增的假消息，內容創業模式也是最合適的防禦機制。
- **非營利組織**。非營利組織必須仰賴長期募款才能持續追求理想。內容創業模式可以在喚起特定議題的意識中扮演關鍵角色，進而達到提升捐款金額的最終目標。
- **發展停滯的事業**。目前你正在銷售數樣產品和服務，但對成長狀況並不滿意。你認為運用內容培養受眾，可以為事業找到新的轉機。樂高公司（LEGO）就是個很好的例子；數年前，樂高的成長呈現停滯，所以公司開使用新穎的方式看待受眾與平台。現在，樂高是間生氣蓬勃、持續成長的企業，這多要歸功於公司打造的多樣化內容平台。作為製造公司的樂高比較有價值，還是作為媒體公司的樂高比較有價值？
- **小型事業**。你在多年前小規模創業，而為了成長，你的事業必須銷售更多產品和服務，不過你並沒有接觸受眾的管道。你認為採行內容創業模式有助於將事業轉型為領先業界的專家，因此帶來全新的獲利機會。

《內容創業模式》中所提及的例子大部分都和打造全新或新興的事業有關，這些事業正處於培養受眾的發展階段，目標是透過創作內容並傳播，提升受眾的忠誠與互動程度。說實話，這是我在撰寫本書時所預期的受眾。不過即使如此，我認為本書內容仍可以應用於上述任何一種事業階段。取決於目標，這套模式可以運用在任何一種規模的組織上。

本書的組織方式

本書的部分章節篇幅很長，因為我認為這些領域需要深度討論；有些章節則比較簡潔。

在每一章的開頭，我會簡述章節的內容，這是因為我不清楚你目前處於內容創業模式的哪一個階段。如果你在讀過章節概要後，認為自己已經充分瞭解其中的概念，跳過也無妨。

最後，儘管這本書並不是個人回憶錄，我還是會將所有的祕訣與讀者分享，也就是我和妻子如何運用內容優先（而不是產品優先）的方式打造事業版圖。我也會分享許多不同的案例研究，證明內容創業模式並不是曇花一現的奇蹟。任何產業的任何一位創業家，只要遵循幾個關鍵的步驟，就可以應用先培養受眾、再開發產品的模式，打造出成功的事業。

衷心感謝你，願意付出時間與我一起開始這趟旅程。

> 如果今天是你人生中的最後一天，
> 你還會想要做你原本正要做的事嗎？
>
> ——史帝夫・賈伯斯

【參考資料】

麥爾坎・葛拉威爾，《以小勝大：弱者如何找到優勢，反敗為勝？》，時報出版，二〇一三。

彼得・提爾，《從0到1：打開世界運作的未知祕密，在意想不到之處發現價值》，天下雜誌，二〇一四。

艾瑞克・萊斯，《精實創業：用小實驗玩出大事業》，行人，二〇一二。

Energy University, accessed October 11, 2020, http://schneideruniversities.com/.

"ESPN.com Facts," accessed August 8, 2020, http://espn.go.com/pr/espnfact.html.

Guilford and Charity L. Scott, "Is It Insane to Start a Business During Coronavirus?," accessed October 11, 2020, https://www.wsj.com/articles/is-it-insane-to-start-abusiness-during-coronavirus-millions-of-americans-dont-think-so-11601092841.

Holy Bible, New International Version, Grand Rapids: Zondervan Publishing House, 1984, 1 Samuel 17.

Interview with John Lee Dumas by Joe Pulizzi, September 2020.

Interview with Mike Stelzner by Clare McDermott, January 2015 and Joe Pulizzi, August 2020.

Interviews by Clare McDermott:

David Reardon, August 2020.

Kristen Bor, August 2020.

Matthew Patrick, August 2020.

Miller, James Andrew, and Thom Shales, *Those Guys Have All the Fun: Inside the World of ESPN, Little, Brown and Company, 2011.*

Schurenburg, Eric, "What's an Entrepreneur? The Best Answer Ever," Inc.com, accessed August 14, 2020, http://www.inc.com/eric-schurenberg/the-best-definition-of-entepreneurship.html.

Shane, Scott, "Failure Is a Constant in Entrepreneurship," NewYorkTimes.com, accessed July 17, 2020, http://boss.blogs.nytimes.com/2009/07/15/failure-is-a-constant-in-entrepreneurship/.

Thiel, Peter,Zero to One ·· Notes on Startups, or How to Build the Future, Crown Business, 2014.

Wellman Jack, "David and Goliath Bible Story," Patheos.com, accessed August 8, 2020, http://www.patheos.com/blogs/christiancrier/2014/04/15/david-and-goliath-bible-story-lesson-summary-and-study/#ixzz3H9qKZLbb.

第一部　旅程開始

當所有人連一刻都不需等待，就能著手讓世界變得更好，
該有多麼美好。

——安妮・法蘭克（Anne Frank）*

想要成功應用內容創業模式，必須先規劃正確的目標與計畫，那麼開始吧！

第一章
以終為始

目標引導你走向對你有利的改變方向。

——布萊恩・崔西（Brian Tracy）**

本章的主題是列出目標的優先順序，並且釐清對你而言最重要的事項，也就是你的動機。

▲如果你已經充分掌握這個概念，請直接跳至下一章。

* 安妮用日記本記錄一九四二年六月十二日至一九四四年八月一日的戰時生活，即為後來的《安妮日記》，成為第二次世界大戰期間納粹德國屠殺猶太人的見證。

** 知名成功策略、業務行銷大師，著作暢銷全球，包括：《超級業務的秒殺成交法》、《征服自己》、《成功不難，習慣而已！》等等。

有很長一段時間，我覺得自己並不成功，雖然事後回想，更精確的說法應該是，我並不了解成功的定義。

我畢業於鮑林格林州立大學（Bowling GreenState University，位於俄亥俄州托雷多市南方），主修人際溝通。但事實上，我一直無法選定主修科目，直到剛升上大學三年級才決定，而我選擇主修這個領域的唯一原因，就只是人際溝通是唯一能讓我準時畢業的學位。

隨著畢業的時間接近，我發現自己可能很擅長運動行銷。畢業後，我很幸運的成為NBA克里夫蘭騎士隊的實習生，不過在發現大多數的營收都流向籃球選手後（營運團隊則是工時長、收入少），我決定攻讀研究所。

秋季學期開始的兩週前，賓夕凡尼亞州立大學（Penn State University）的助教計畫剛好空出一個名額，為本人提供了大好機會。於是我在教授四個學期的演說課程之後，順利取得傳播領域的碩士學位。

在高學歷、卻缺乏工作經驗的情況下，我動身前往俄亥俄州克里夫蘭找工作，即使寄出上看數百份履歷，幸運之神仍然沒有眷顧我，於是我刪除履歷上的碩士學歷，開始投入兼職工作。做過幾份為期一個月的職位之後，我終於在一家保險公司落腳，負責處理公司內部的傳播企劃。

新工作開始不久後，我讀了拿破崙．希爾（Napoleon Hill）的《思考致富》（*Think and Grow Rich*），這本著作對我有深遠的影響，幫助我釐清成功的定義以及自己的人生目標。我從頭到尾仔細的讀完這本書，不過只有一段強而有力的文字，令我印象深刻並謹記在心：「機會已經展現在你面前，等待你走上前來，盡情選擇，制定計畫，付出行動，堅持到底。」就在當時，我開始為人生設定目標。接著，我又開始讀史蒂芬・柯維（Stephen Covey）的《與成功有約：高效能人士的七個習慣》（*The 7 Habits of Highly Effective People*），書中列出的第二項習慣是「以終為始」，意思就是：「每天、每個任務、每項計畫展開之前，你都要對自己的方向和目的有清晰的構想，然後再動員自己一切積極因素去實現它。」就在當時，我第一次實際寫下自己的目標。

我在保險公司任職三年並歷經數次升遷之後，離職前往奔騰媒體公司（Penton Media）尋求新機會，奔騰是北美地區規模最大的獨立B2B媒體公司，這間企業讓我有機會拓展所學，進一步了解媒體傳播的世界、行銷傳播、以及企業內容製作。我也在奔騰媒體學到了聆聽受眾意見的重要性，並且更加熟悉媒體公司採用的各種商業模式。

二〇〇七年三月，我決定離開奔騰媒體公司（當時我的職位是客製化媒體部門副理），主要原因是我認為自己對於公司的發展方向沒有實質影響力（之前我寫下的目標之一，就是對現有的工作有影響力）。於是我毅然決然離職，並且創立內容行銷學院（Content Marketing Institute, CMI）的前身。

同年，加州多明尼克大學的蓋爾・馬修博士（Gail Matthews）提出一項發現：當人習慣寫下目標、與朋友分享、並且每週向朋友更新進度，相較於僅在腦中構思目標，完成預定目標的**成功率會多百分之三十三**。

因為如此，我開始和他人分享自己的目標；不過更重要的是，我會每天重新檢視這些目標，沒錯——我每天都會複習自己的目標，避免偏離軌道。

我將目標分為以下六種類型：

- 財務目標
- 家庭目標
- 心靈目標
- 精神目標
- 體能目標
- 公益目標

從那一刻開始，我的人生走向有了超乎想像的轉變。

思維計畫：理想中的自己

詹姆斯．克利爾（James Clear）在著作《原子習慣》（*Atomic Habits*）中指出，培養成功習慣的過程中，必須找出自己真正的自我認同；而我將這個步驟稱為「尋找理想中的自己」。

在你開始思考自己想要成就什麼之前，需要先花點時間思考自己是什麼樣的人，以及想要成為什麼樣的人。

- 你想成為運動員嗎？
- 你想成為成功的企業經營者嗎？

- 你想成為好丈夫／妻子或好父親／母親嗎？
- 你想成為付出比獲得更多的人嗎？

雖然聽起來有點嚇人，不過不妨**思考一下自己的訃聞會寫些什麼**。你有哪些成就？其他人會怎麼評價你？你有從五十歲開始學鋼琴嗎？還是在晚年成為鐵人三項選手？又或是以某種方式改造自己所在的城市？你有讓這個世界變得更好嗎？

建議你用幾天的時間思考上述問題，而且如果可以的話，請在晚上就寢前讀一讀這些問題，讓潛意識發揮不可思議的作用吧！

影響內容創業模式的兩種習慣

有兩種日常習慣澈底改變了我：寫下目標並且持續重新檢視目標。

為什麼我要分享這些經驗，而這些經驗和內容行銷以及本書又有何關聯呢？事實上，這一切都環環相扣。

內容行銷學院（CMI）與行銷專家（MarketingProfs）每年都會共同發表一份指標研究，探討全球各地的內容行銷年度態勢。

我想要釐清內容行銷高手與其他競爭者的不同之處。儘管分析後有許多特點浮出檯面，但主要的差異只有兩大要點；不同於其他競爭者，內容行銷高手有兩種習慣：

- 以特定方式（書面、電子化等等）記錄內容行銷策略。
- 定期重新檢視並堅守計畫。

上述兩種習慣對於內容行銷的成功與否影響最為明顯。這些習慣看似簡單，行銷圈卻少有人能長期保持。

無論是個人或事業層面，這兩大關鍵行為都一樣重要。

從目標領域到採取行動

建立目標是一回事，但根據這些目標研擬行動，並排除障礙來確實達成目標，則是另外一回事。現在，就讓我們開始吧。我將這個設定目標的過程稱為「三R」：記錄（Record）——重複（Repeat）——移除（Remove）。

- **記錄**：將你的願望記錄下來。
- **重複**：每天持續重新檢視這些目標。

● **移除**：遠離人生中的障礙，讓自己邁向成功。

一、記錄

「記錄」指的是將你想達成的願望記錄下來。雖然各項研究的數字有些微差異，不過一百個人之中大約只有三人會寫下自己的目標。

假設現在要蓋房子，而如果我們用對待自己人生的方式蓋這座房子，我們就會直接打電話給承包商、水電工班、灌漿廠商、石膏板團隊和屋頂工，然後要求他們一起商量出解決方案。

你有辦法想像在毫無計畫的情況下蓋房子會有多混亂嗎？但事實上我們就是這樣處理自己的人生，我們沒有制定讓目標成真的計畫。

在一九三〇年代，拿破崙·希爾訪問了五百名成功人士，包括福特（Ford）、羅斯福（Roosevelt）和卡內基（Carnegie），想要瞭解他們為何如此有成就。他發現，這些成功人士的關鍵共同點其實出乎意料地簡單：**他們會寫下自己的願望**。

不過，該寫下哪些目標和願望呢？

身家數十億的投資專家巴菲特（Warren Buffett）曾說：「如果你想要做到萬無一失，就無法成就什麼重要的事。而如果你願意失敗個幾次，就能改變世界。」

所以現在討論的並不是小小的目標……而是「我要改變世界」的那種目標。我希望自己的目標既遠大又超乎想像，**問題是有些人可能會對這樣的願景不知所措，而完全不採取任何行動**。

● 遠大目標由日常習慣累積而成

目前我使用應用程式Habitbull來追蹤自己的習慣，好讓我能完成目標。舉例來說，以前我有個目標是寫出第一本小說，於是我開始思考哪些習慣可以協助我達成這個目標。

作家會怎麼做？他們會寫作，每天都寫。

於是我設下每天至少寫作一小時的目標。接下來整整三個月，我連續四十四天都至少寫作一小時，並且順利寫完小說。

所以儘管設下遠大的目標吧，以這個例子來說就是寫完一本小說，接著以現在式或過去式寫下目標，就像你已經正在採取行動或者已經達成目標：

我在二〇一九年寫完一本小說。

接下來，在句子加入有助於你達成目標的習慣，以便衡量進度：

我每天寫作一小時，並在二〇一九年寫完一本小說。

你看**！**就是這麼簡單。

二、重複

「重複」又是什麼意思？

每一天的早上和晚上，我們都要重新檢視這項目標。我們要投入一天的百分之一，等於不到十五分鐘的時間，再次審視自己的願望，也就是我們想蓋的那間房子的設計圖。

在勒里（Phillippa Lally）博士和其共同作者發表於《歐洲社會心理學雜誌》（*European Journal of*

Social Psychology）的研究中，有九十六名受試者回報他們在十二週期間為改變自身行為與習慣所付出的努力。每位受試者都選擇了一種新習慣，並且每日回報自己是否有付諸實行，以及這項行為從何時開始變得自動自發。

有些受試者選擇的是很簡單的習慣，例如「一天喝三瓶水」，或是「不吃甜點」。有些則選擇較為困難的任務，像是「晚餐前運動十五分鐘」。十二週結束後，研究人員經由分析資料來釐清，一個人從開始培養新行為到自動自發需要多久時間。

平均而言，**需要六十六天才能讓新的行為變成自動自發的習慣**。

這就是為什麼你必須長期每天重新檢視自己的成功目標。你必須調整自己的心態，相信目標並非遙不可及。而這樣的心態會有助於你產生動力去實踐習慣，進而成功達到目標。

大多數人就是沒有掌握這個要點：達成目標**最重要的關鍵**就是**相信**目標可行。你需要的不是更多資金、技術、能力，或更好的工作。

只要根據目標調整你的心態，你的生活自然就會開始產生變化。

以我的例子來說，要成為小說家，我就必須寫作。每天重新審視這項目標數次，可以確保我有動力寫作，而且是每天都寫。

三、移除

為了讓「記錄」和「重複」發揮作用，我們必須清除妨礙達成目標的廢棄物。

微軟創辦人比爾・蓋茲（Bill Gates）原本不太想和巴菲特會面，他認為兩人之間沒有任何共同點。不過在《華盛頓郵報》（*The Washington Post*）編輯葛林菲德（Meg Greenfield）的敦促下，兩人敲定在一九九一年七月五日會面。蓋茲十分緊張，擔心得不得了。

葛林菲德各給了兩人一張紙，請他們用一個單詞寫下成功的關鍵。無獨有偶，兩人寫下了同一個詞彙：專注。最後他們成了摯友。

如果要成功，我們必須專注、有紀律，並且「移除」周遭令人分心的事務。

● 遠離手機

幾個月前，有人邀請我一起喝個咖啡。對方說他有個非常重要的商業模型問題想要問我，並認為我可以幫上忙。最後我們約在克里夫蘭西區的連鎖潘娜拉麵包店（Panera Bread）。

我就座後把咖啡放在桌上，對方就座後也把咖啡放在桌上，同時把螢幕朝上的手機放在他的左手邊。在我們談話的過程中，他的目光不斷飄向手機：Instagram、Twitter、Messenger……各式各樣的通知。顯然，他沒有專注在我們的對話上。

每當我看到有人在會面時把手機放在手邊，不論螢幕是朝上還是朝下，我就知道他們一定有無法專注的問題。

交談幾句話後，對方問我：「我該做的第一件事是什麼？」我的回答是，把智慧型手機丟進垃圾桶。

● 時間不夠用？

「我沒有時間達成目標。」我老是聽到這種說法。

根據美國勞工統計局（Bureau of Labor Statistics），美國人平均每天花三小時看電視，等於是每年看了一千一百小時的電視。

假設你就是這樣的人，而且有幸活到八十歲，這表示你總共花了將近十年的時間在看電視。基本上等同於你在三十歲時打開電視，然後動也不動地一路看到四十歲，十年就這樣沒了。

如果，你可以把看電視（或者用來殺時間的任何活動）的這段時間賦予更多意義呢？**記錄——重複——移除**……最簡單的公式就在這裡。

巴菲特的25/5法則

巴菲特的著名事蹟不勝枚舉，其中之一就是他設定年度目標的方式，不妨仿效他的做法。

首先，列出你想要完成的二十五件事。這個過程會需要一至兩週的時間，請觀察自己生活中的各個面向，並且自問：

- 我想要在職業生涯中達成什麼目標？
- 我想要處理哪些財務目標？

- 我的健康狀況如何？可以如何改善？要如何維持穿三十二號褲子的身材（呃，這是我個人的目標）？
- 我的家庭狀況如何？我要如何創造更多有品質的家庭時間？
- 有任何慈善目標嗎？有什麼理念是我應該追求的嗎？

請至少列出二十五個目標。

縮減至五個目標

從整份清單中選出五個最重要的目標。

選定五個目標之後，把這五個目標都圈起來。請記得，圈出五個目標，不多也不少。

為五個目標擬定詳細計畫並放棄其餘目標

當然，你會需要擬定計畫來達成你的五大目標，這時成功的關鍵就在於衡量各個目標的方式。

如果目標是完成專案，要如何邁向終點？

這個階段最爽快的部分就是只要完成步驟，就能澈底忘掉清單上的其他二十個目標。

沒錯，根據巴菲特的計畫，你再也不需要在乎其他的目標。你必須竭盡所能地避開這些目標。為什麼？如果你有任何一絲的想法認為自己可以完成五個以上的目標，就是在自欺欺人。好吧，讓我稍微調整一下。我同意巴菲特的做法，不過我也認為你可以選出六個目標，下列的每個目標領域都可以各有一個目標。當你開始打造內容平台，也可以採用這一套流程，我們稍後會詳細討論這部分。

首要之務

本書的確包含許多可實際執行的建議，幫助你了解如何規劃並執行屬於你的內容創業模式行動計畫；但如果你沒有決定人生的走向，了解這些方法又有什麼用處呢？

我看過不少聰明絕頂的企業家創業，他們都認為自己的想法足以改變世界，然而數個月之後，卻因為沒有釐清首要之務而以失敗收尾。

你的努力要從現在開始。和我一起踏上旅程之前，你必須先依序排列六類目標。排列方法如下：在每一種目標類型之下，列出至少兩項可實際執行的目標，同時也要註記明確的數字與時程。你不需要馬上列出十全十美的目標，因為隨著你對自己更加了解，這些目標也會持續變化。也很有可能的狀況是，既然你正在讀這本書，屬於「職涯」方面的目標八成還無法有定論，不過別擔心，更透澈的理解本書內容之後，你就會有能力確立特定類型的目標。

〈執行內容創業模式計畫—目標類型〉

一、財務目標

擁有可以遠端管理的企業。

1.

2.

3.

二、家庭目標

讓孩子有自信完成任何事。

1.

2.

3.

三、心靈目標

每晚和家人一起禱告。

1.

2.

3.

四、精神目標

1. 每月讀完一本非商業類書籍。
2. ____________________
3. ____________________

五、體能目標

1. 每週慢跑三次。
2. ____________________
3. ____________________

六、公益目標

1. 在五十個州為兒童提供言語治療服務。
2. ____________________
3. ____________________

運用內容創業模式的風險為何？

當我放棄「真正的工作」並開始創業時，無數的親友都難掩擔憂之情。

「你確定要冒這麼大的險，放棄安穩的工作嗎？」

會有這種疑問是理所當然的，我才剛組成家庭，兩名子女都還年幼。天啊，就連是創業家和企業主的朋友都質疑我的決定：放棄六位數的薪資以及優渥的各種福利。

不過問題是，儘管有些人認為我的職位錢多事少，我對公司的發展方向並沒有太多影響力，基本上我無法控制公司的作為或不作為。我不確定自己的職位是否危在旦夕，但我的工作確實是高風險，福利等等的附加好處都是如此。

● 你可以掌控什麼？

如果你有讀過羅伯特．清崎（Robert Kiyosaki，因《富爸爸》系列而聲名大噪）的著作，你對風險的看法可能會和大多數人不同。清崎先生的思維大致如下：

如果你無法用一通電話或一封電子郵件，直接影響公司的營運狀況，那麼投資這間公司就像在賭場賭博一樣。

我也有投資股票市場，手上握有Facebook、Google、藝電（EA）、以及其他企業的股票，但說實話，由於我無法直接用電話聯絡這些企業的執行長，並且影響公司改變，這些投資的風險對我來說確實偏高。無論你對投資股市有什麼想法，如果沒有辦法控制企業內部的決策，你就只是在碰運氣，希望有些公司可能因為某些原因，在長期會有較佳表現並增加市值。

換下守門員

麥爾坎．葛拉威爾從來沒有制定過生活規則，直到他讀到阿斯內斯（Clifford Asness）與布朗（Aaron Brown）的文獻探討研究：〈換下守門員：冰上曲棍球與投資的啟示〉（Pulling the Goalie: Hockey and Investment Implications）。

「換下守門員」（Pulling the Goalie）這種說法是源自冰上曲棍球。在一九三一年的一場球賽，波士頓棕熊（Boston Bruins）以〇比一落後蒙特婁加拿大人（Montreal Canadiens）。比賽只剩下一分鐘，棕熊隊教練羅斯（Art Ross）把守門員換下場，並多換上一名攻擊員。一直到比賽結束，兩隊都沒有再得分，不過羅斯卻因為積極的教練戰術而獲得讚賞。如今，這種戰術已經很普遍，通常仍會在比賽只剩下一分鐘或更短時間時使用。

阿斯內斯與布朗針對這項戰術進行分析，並發現「換下守門員」確實是合理的做法，但教練進攻的膽識卻遠遠不夠。兩位學者發現，實際上，如果球隊落後一分，教練應該要在比賽結束六分鐘前換下守門員；而如果落後兩分，就需要在十一分鐘前採取行動。

聽起來很瘋狂嗎？也許吧。換下守門員會導致敵隊的得分機率上升四倍之多！但是（這可是很重要的「但是」），就算敵隊得分，落後幅度也只會增加一點。我方球隊本來就已經處於落後，所以落後三分或四分而不是兩分，根本對結果毫無影響；輸了就是輸了。

在此同時，這項戰術幾乎可以將我方的得分機率提升至兩倍，因為場上多了一名攻擊員。根據分析結果，這是正確的決策，而冰上曲棍球教練多半都太過保守。

這項研究更進一步探討為何教練有所顧忌，結果呢？比起分析結果（正確的決策），我們更在乎他人對自身行動的看法。

這正是為什麼我們無法實現自己的目標，我們讓守門員留在球門前加強防禦，這是為了保險。根據你身邊的人，這才是正確的做法。

接下有豐富福利的工作；選擇主修找得到工作的大學科系，而不是你真正熱愛的領域；千萬不要用「內容創業模式」創業，因為其他人會覺得你瘋了。我們做決策時，會考量社會是否能接受，或者風險是不是最低。這樣的分析方式十分糟糕。

我在二〇〇七年離開高層管理職時，親友都認為我冒了太大的風險，而且還當面對我這麼說。至於我人不在現場的時候他們說了什麼，也就可想而知。

我當時（現在也是如此）深信，任職於一間公司的風險其實明顯更高。你對於公司的作為毫無控制權，也無法決定公司如何或何時給予福利。為他人工作幾乎肯定會導致你的收入可能性和整體自由程度有一定上限。

我仔細分析過了，分析結果是我應該要離職。然而，每一個「懂事」的人都說我應該繼續任職。

最後，當初的分析結果確確實實在我身上實現了。（稍後會再詳談這一點。）

根據分析結果，你的內容創業模式做法如何？

最糟的狀況是什麼？其他人會認為你瘋了；可能會瞧不起你；也可能會在你背後說閒話。最好的狀況是什麼？你實現了每一個夢想；你獲得成果，接著持續獲得成果，直到把所有成果都納入囊中。

是時候換下守門員了。

【參考資料】

詹姆斯・克利爾，《原子習慣：細微改變帶來巨大成就的實證法則》，方智，二〇一九。

拿破崙・希爾，《思考致富：由念頭開啟強大吸引力，造就全球最多富翁的傳奇經典》，李茲文化，二〇一五。

史蒂芬・柯維，《與成功有約：高效能人士的七個習慣》，天下文化，二〇一四。

羅勃特・清崎，《富爸爸，窮爸爸》，高寶，二〇〇〇。

Asness, Clifford, and Aaron Brown. "Pulling the Goalie: Hockey and Investment Implications." March 1, 2018, accessed August 10, 2020, https://papers.ssrn.com/sol3/papers.cfm?abstract_id=3132563.

Gannon, John, "The 15-Minute Morning Routine That Changed My Life," TheMuse.com, accessed September 22, 2020, https://www.themuse.com/advice/the-15minute-morning-routine-thats-already-changing-my-life.

Gladwell, Malcolm, Revisionist History, episode 27, accessed September 12, 202, http://revisionisthistory.com/episodes/27-malcolm-gladwell-s-12-rules-for-life.

Goalband, "18 Facts About Goals and Their Achievement," accessed September 22, 2020, http://www.goalband.co.uk/goal-achievement-facts.html.

Huddleston, Tom Jr., "Bill Gates: I Didn' t Even Want to Meet Warren Buffet, CNBC.com, accessed September 22, 2020, https://www.cnbc.com/2019/11/08/ bill-gates-i-didnt-even-want-to-meet-warren-buffett.html.

Lally, Dr. Phillipa, Cornelia H. M. van Jaarsveld, Henry W. W. Potts, and Jane Wardle, European Journal of Social Psychology, July 16, 2009.

Matthews, Dr. Gail, Dominican University Goals Study, 2007, http:/ /www.dominican edu/academics/ass/undergraduate-programs-1/psych/faculty/fulltime gailmatthews/researchsummary2.pdf.

The Smarter Brain, "Warren Buffett' s '3-Step' 5/25 Strategy," accessed September 22, 2020, https://www.mayooshin.com/buffett-5-25-rule/.

US Bureau of Labor Statistics, "Television, Capturing America' s Attention at Prime Time and Beyond, accessed September 22, 2020, https://www.bls.gov/opub/btn/volume-7/television-capturing-americas-attention.hm.

第二章 內容創業模式的契機

無論你能做什麼，或是夢想自己能做什麼，現在就開始吧。
大膽無畏就是集天才、強大及魔力於一身！

——約翰・沃爾夫岡・馮・歌德

本章會說明為何內容創業模式極為適合用於當今的經濟環境，原因包括新興科技和消費者行為改變。相對於先推出產品的思維，內容優先／受眾優先的宣傳模式正開始成為主流。

▲如果你已經充分掌握這個概念，請直接跳至下一章。

瓦利・柯沃（Wally Koval）想要環遊世界，於是他開始在Instagram、Reddit和Google上尋找靈感。身為導演魏斯・安德森（Wes Anderson）的狂熱粉絲，瓦利想要前往的旅遊目的地是「看起來像是出自魏斯・安德森電影場景」的地方。

不過瓦利在搜尋過程中遇到一個問題：他找到的每一張動人照片都沒有背景資訊。「我在找這些圖片的時候，除了一些概略的說明文字之外，完全沒有其他的資訊。」瓦利如此表示。

於是他開始搜尋美照背後的資訊，並且運用Instagram列出景點清單。「我列出了這份旅行願望清單，就像你會列一份想看的電影清單一樣。這和使用Netflix是同樣的道理，只不過我不是在畫面上翻找電影節目，而是在這份清單上找目的地。所以，每當我們（瓦利和妻子亞曼達）有度假時間可以安排，我們就會直接從這些地方挑選。」

瓦利的朋友開始注意到他發表的內容：他挑選的照片美得令人屏息，他附上的詳細資訊非常有用。於是瓦利繼續這麼做；他每天都發布一張自己想造訪而且剛好看起來像魏斯・安德森電影場景的景點照片。

越來越多人開始為瓦利的Instagram頁面按讚，他因此受到激勵，開始附上更多背景資訊，並運用與照片或關注地點相關的特定主題標籤。

瓦利將自己的Instagram頁面命名為「轉角遇見魏斯・安德森」（Accidentally Wes Anderson）。兩年多後，「轉角遇見魏斯・安德森」累積的追蹤人數達到三千人，其中包括一些外國的大型旅遊發展局和媒體公司，甚至還有《Vogue》雜誌。與《Vogue》的訪談在二〇一七年八月公開後，「轉角遇見魏斯・安德森」的追蹤人數飆漲十倍。

如今，瓦利和亞曼達的「意外之作」有超過一百萬名粉絲。在二〇二〇年十月，他們出版了同名書籍《轉角遇見魏斯．安德森》，並立即成為《紐約時報》(*New York Times*)暢銷書。各種形式的收益紛紛湧入。

最令人激賞的是，瓦利不僅發展出極具價值且持續成長的事業，在此同時仍然有時間陪伴家人，而且十分享受這個過程。雖然瓦利和亞曼達還沒成為百萬富翁，但也相去不遠了。如果是二十年前，瓦利和亞曼達根本不可能有如此成就。在現在這個時代，內容創業模式完全可行。不僅如此，我認為瓦利和本書提到的其他創業家，已經找到當今風險最低、潛力最高的可行商業模式。

有哪些改變？

在一九九〇年以前，企業只能透過八種管道與客戶溝通：舉辦活動、運用傳真、直接發送電子郵件、電話聯絡、上電視、上廣播、利用告示板、或是透過紙本雜誌或簡報(請見第52頁圖2.1)。而在二〇二一年，客戶接觸內容的管道基本上有數千種。

在一九九〇年以前，大型媒體公司握有最大權力，因為他們掌控了傳遞資訊的管道……也因此掌控了受眾。三十年後的現在，權力幾乎已經完全轉移到客戶手中，這也表示在今天的世界，任何人、在任何地點，都可以成為發行人並且培養受眾(即使你幾乎沒有資金)。這就是傳播市場的主要發展情勢，無論事業規模是大是小，都會受到這股趨勢的衝擊。

這股強大趨勢產生的五大原因如下：

一、**科技屏障消失**。在過去，出版流程既複雜又昂貴，若採用傳統方式，媒體公司必須投入數十萬美元在複雜的內容管理與生產系統。而現在，只需要不到五分鐘（或秒鐘？）任何人都可以在網路上發表內容。此外，目前擁有智慧型手機的美國人多達八成一（資料來源：Pew Research），還有七成五的美國家庭可以使用網路（資料來源：美國統計局）。簡而言之，人人都能發表內容、也能接收內容。

二、**人才招募容易**。二十年前我剛投入出版業時，想找到有特殊專業的作家或其他內容創作者，通常並不容易。不過有兩件事已經與當年不同了：第一，有聲譽的記者、作家和創作人都非常樂意與非媒體公司合作；過去的內容創作者與非媒體公司合作時都會遲疑，因為這類工作經常被視為「較低等」，如今這種污名化的現象已不復存在。第二，無論是透過Google、數十個內容交易市場、直接利用社群媒體，相較於過去都可以更容易招募到內容創作者；這表示，任何規模的企業都有機會接觸全世界最優秀的內容創作者。

三、**內容接受度**。首先我們要檢視當今消費者的行為：

- 七成的消費者偏好自行尋找產品資訊，而不是直接與公司業務交談（資料來源：Zendesk）。
- 比起廣告，消費者與企業發表的文章互動的時間多出二十二倍（資料來源：Pressboard）。
- 七成的消費者偏好透過一般文章了解企業，而非透過廣告（資料來源：Content+）。

- 六成四的消費有意願直接與品牌互動（資料來源：Sprout Social）。

你不需要成為業界的《紐約時報》或商情雜誌龍頭，就能夠讓受眾接觸到你提供的內容。現在讀者願意收到並閱讀任何實用的內容，例如改善生活品質、獲得更好的工作機會、或是解決特定的問題。人人都擁有一樣多的機會，可以發表各種絕妙又實用的內容。

四、社群媒體。若沒有創作出有價值、不間斷且吸引人的資訊並傳播，社群媒體絕對無法發揮作用。無論是個人或企業，想要成功運用社群媒體，就必須先說出吸引人的故事。有趣和實用的故事會遠播千里，這意味著我們負責創作內容，而行銷工作則由他人協助。沒有扎實的內容作為動力，社群媒體就毫無用武之地。

五、搜尋功能。幾乎每一次Google更新搜尋引擎演算法，最新、最實用資訊的排名就會往前飆升（針對文字和語音搜尋）。儘管Google想要盡可能把流量留給自己，但聰明的創業家可以運用策略來提升出現在搜尋結果的成效和頻率。即使是規模最小的公司，只要了解如何創作並傳播數位內容，就有機會用正確的步驟擊敗大型媒體公司。

現在，任何人在任何地方都可以出版書籍、架設媒體網站、或拍攝正片長度的電影，也有能力直接接觸到受眾。舉例來說，跨界作家導演西恩貝克（Sean Baker）在二〇一五日舞影展推出最新電影作品《夜晚還年輕》（*Tangerine*），獲得一片好評。有什麼特別的嗎？西恩貝克可是用iPhone 5S拍完整部電影。我的老天，就連史蒂芬・索德柏（Steven Soderbergh）也單用iPhone拍過好幾部電影（二〇一八年的《瘋人院》〔Unsane〕和二〇一九年的《空中飛鳥》〔High Flying Bird〕）。

手機電子郵件
簡訊
即時通訊
電子郵件
活動
直接傳真
直接信件
電話

2000年代

電視
廣播
印刷品
展演
網站
網路搜尋
網路展示型廣告
付費搜尋
到達網頁（Landing Page）
子網站（Microsite）
線上影片
網路研討會（Webinar）
聯盟行銷
部落格
簡易資訊聚合（RSS）
Podcast
關鍵字內文（Contextual）
維基協作系統（Wikis）
社群網站
行動裝置網頁

應用程式／推播通知
群組簡訊
社群DM
語音行銷
手機電子郵件
簡訊
時通訊即
電子郵件
活動
直接傳真
直接信件
電話

2020年代

電視
廣播
印刷品
展演
網站
網路搜尋
網路展示型廣告
付費搜尋
到達網頁
子網站
線上影片
網路研討會
聯盟行銷
部落格／RSS
Podcast
關鍵字內文
維基協作系統
社群網站
行動裝置網頁
社群媒體與廣告
虛擬世界
遊戲置入廣告
直播影片
行動裝置應用程式
地理位置定位（Geolocation）
AI內容
物聯網（IoT）
社群音訊

<1990	1990年代	1999年
	即時通訊	即時通訊
	電子郵件	電子郵件
活動	活動	活動
直接傳真	直接傳真	直接傳真
直接信件	直接信件	直接信件
電話	電話	電話
電視	電視	電視
廣播	廣播	廣播
印刷品	印刷品	印刷品
展演	展演	展演
	有線電視	網站
	網站	網路搜尋
	網路搜尋	網路展示型廣告
	網路展示型廣告	付費搜尋
		到達網頁(Landing Page)
		子網站(Microsite)
		線上影片
		網路研討會(Webinar)
		聯盟行銷

圖2.1　一九九〇年之前，與客戶溝通的管道僅有八種，現在的傳播管道則有數千種。
原始圖片概念：Jeff Rohrs。

體制瓦解處處可見，但在內容創作與傳播的世界中，這種現象最為明顯。

創業家和小型公司應該要更加樂觀，現今的科技普及意謂著，任何產業的任何企業都可以透過持續說故事培養出受眾。握有大筆行銷預算的企業再也無法吸引最多目光，現在，企業唯有重視提供訊息的品質，並且透過不間斷的資訊流通吸引受眾，才能從中獲益。

進入內容創業模式

亞當・巴里（Adam Barrie）和李・威爾科克斯（Lee Wilcox）是一對好友，出身自英國伯明罕（Birmingham）；二〇一四年夏季的一個晚上，他們在借啤酒澆愁的時候找到了屬於他們的創新點子。巴里從事貿易業已有十二年，當時正煩惱找不到業務上需要的泥水匠。威爾科克斯則是在歷經離婚和瀕臨破產後，只能與父母同住。

他們認為，市場上一定有為貿易商和工業公司牽線的需求，但當時英國的B2B市場並沒有這樣的管道。

兩人一起湊出一萬美元後，開始經營Facebook粉絲專業「工具通」（On The Tools），專門讓建築工人和貿易從業人員分享有趣的影片。短短幾個月的時間，他們的粉絲已經多達二十五萬人。到了二〇一六年底，追蹤人數有一百五十萬人。

如今，亞當和李已經將小小的點子經營成價值數百萬美元的多元媒體企業（Electric House），旗下還有八十八名員工。

受眾亞當和李是如何辦到的？本書提到的每一位創業家和每一種小型事業又是如何成功的？這些案例都只是純屬極度幸運，又或是他們創業和經營有道，我們可以從中學習並模仿？他們是否只是恰巧發現了一套模式，不需要任何形式的高額資本，且核心資產源自販售教育資訊或娛樂？

經過十年來無數次的訪談，我們終於可以解構並逆向推導出內容創業模式。我們已經彙整出每位創業家共同採用的一連串步驟，可以幫助我們打造一套嶄新、有效、且適合新創公司的商業模式（請見圖2.2）：

- **甜蜜點**。知識領域／技能以及受眾需求的交會點。
- **轉換內容**。找到幾乎或完全沒有競爭對手的領域，讓內容可以突破重圍。
- **穩固基礎**。在單一核心管道長期發

圖2.2 內容創業模式

表內容。

- **培養受眾群**。將發表內容轉換為訂閱者資產。
- **創造收益**。打造受眾願意付費或是贊助商願意使用的內容體驗。
- **管道多元化**。在適當時機將發表內容拓展至其他管道和／或品牌分支。
- **售出或擴張**。成功之後，決定要打造更大規模的企業、建立純粹的生活風格事業，或是退出事業換取財務自由。

在後續的章節中，我們會一一揭開各個步驟的神祕面紗，幫助你了解如何開始應用內容創業模式。

思考箇中原因

整合行銷之父暨《IMC整合行銷傳播》（*Integrate Marketing Communications*）作者唐・舒爾茨（Don Schultz）曾指出，任何一家企業無論在何處，都可以模仿其他企業所採取的任何行動……只有一件事除外：溝通方式。我們與潛在客戶和客戶的溝通策略，才是讓自己與眾不同的唯一僅存方式。

羅伯特・羅斯（Robert Rose）和卡拉・強森（Carla Johnson）在著作《經驗：行銷的第七個紀元》（*Experiences: The 7th Era of Marketing*）中以舒爾茨的論點為基礎，並且進一步指出，內容以及客戶與內容互動的經驗，才是企業脫穎而出的最終原因。

這就是為何採用內容創業策略的創業家，會比其他企業更具策略優勢。這整套商業模式的重點就在於打造內容體驗並培養受眾，而不是以銷售產品為優先。

還沒有產品？太棒了！

有產品可銷售有時候正是內容創業模式無法成功的原因。以紙本雜誌業為例，多年來，紙本雜誌出版商太過在乎書面廣告收入，因此忽略了讀者對數位化的需求，而那些對趨勢視而不見的紙本雜誌出版商，早已消失在市場洪流中。

當你將心力全數投注在自己熟知的受眾，而不是專注於產品，好事通常會接踵而來。只要認真聆聽受眾的聲音，自然會找到通往新產品的機會。這其中的困難在於，我們無法預測整個模式何時才會真正成形，這也是為何保持耐心是內容創業模式的關鍵之一。正如《業主》（*Owner*）雜誌創辦人克里斯・布洛根（Chris Brogan）指出，受眾都熱切希望自身生活在某些層面可以有所改變；而專注在這一點上就可以使內容創業模式具有一定優勢。

向拿破崙・希爾學習內容創業模式

拿破崙・希爾的經典之作《思考致富》（*Think and Grow Rich*）在一九三七首次出版，而今年是這本書的七十八週年，拿破崙・希爾的智慧依舊極為實用且珍貴。

欲望

凡事是人心所能想像並且相信的，終必能夠實現。

儘管運用內容創業模式創業必須注意不少事項，才能吸引並留住客戶，例如內容策略、內容規劃、內容組織、內容整合等等，但欲望才是關鍵中的關鍵。

每次在演講的場合我總會聽到有人反對以下的說法：大部分的企業根本就不渴望成為客戶和潛在客戶的資訊來源——這些企業的欲望就是不夠強烈，他們把內容創作視為雜事，而不是關係到公司存亡的核心客戶服務。

信心

信心是一劑永恆的特效藥，它為意念衝動注入生命、力量和行動。

渴望是一回事，但真心相信自己能成為業界的資訊專家可是另一回事。二〇〇七年我們剛成立Junta42（後於二〇一〇年併入CMI）時，堅定相信自己會成為業界的資訊來源，這一點毫無疑問，時間以及我們投入的精力、堅持會證明一切。

非媒體業的公司很少會抱持這種信念。當我還任職於奔騰媒體（商業媒體公司），有機會和公司主編群會面時，他們堅信公司就等同於業界的資訊來源龍頭，這完全是個不需討論的議題……當時就是如此。這正是你必須抱有的信念：成為業界的專家。

專業知識

普遍性知識不管數量多少、種類多寡，對於致富並沒有多大幫助……

內容無法成功的最大原因之一，就是缺乏專業。我曾經看過冷／暖氣機公司在部落格宣傳鎮上下週舉辦節慶的資訊；製造公司發表以人資典範實務為題的文章，簡直不忍卒睹。

若想要成為業界專家，你必須先明確定義客戶的急迫需求，以及自己要專攻的市場定位，這個定位將會改變業界生態，也會改變客戶的生活。此外，你也必須極度專精，並且將自己定位成業界的商情雜誌；專攻一個領域，然後成為其中的專家。如果是大企業，就必須採用分眾的內容策略，而不是一套廣泛卻無法對任何一位受眾產生影響的策略。

想像力

據說，人可以創造出任何想像得出來的東西。

正如拿破崙．希爾所說：「想法是想像力的產物。」要使內容創業模式發揮作用，你不能只是一座「內容工廠」，而是要用心成為一座「靈感工廠」。你必須像新聞媒體報導「本日頭條」

一樣，選擇符合內容定位（稍後會仔細說明）的新聞進行報導，接著根據你所選擇的內容，思考如何有創意的表達：視覺、文字、聲音等等，以新穎又吸引人的方式說故事。

決心

> 拖延，決心的反面，實際上，乃是每個人都必須克服的共同敵人。

拿破崙．希爾在著作中列出數百名全球最成功的人士，而當中每一個人都有迅速做出決定、需要時再緩慢修正的習慣。書中也指出，容易失敗的人無一例外都有相同的習慣：即使好不容易拖泥帶水的做出決定，也會很快且經常改變念頭。

這種成功的心態就是你在努力打造內容創業模式時，首先最需具備的特質。

毅力

> 意志力如果與欲望適當地結合在一起，就會產生不可抗拒的力量。

毫無疑問的，內容行銷失敗的最大主因就是突然中止。我看過一間又一間的公司開設部落格、發行電子報、白皮書計畫、或是系列Podcast等等，卻在數個月後停止執行。內容行銷是一場消耗戰，也是一段過程，成功並不會一夜之間降臨；想要成功，就只有長期投入。

在你興致勃勃地繼續閱讀本書之前，我必須先嚴正提出警告：釋放內容創業模式的力量，會伴隨著一定程度的風險，因此請先考量以下事項：

- **耐心**。這套模式需要時間發揮作用，本書所提及的許多個案在大放異彩之前，都苦撐了一、兩年或更久。你獲得的回報會很豐厚，但可能需要不少時間才能走到那一天。
- **資金短缺**。內容創業模式並不是短期的「快速致富」策略，你的目標是累積有價值的資產，而你在努力的同時，收入可能不多。盡量減少支出並精實管理，才有可能撐到穿越終點線。
- **背離主流**。內容創業模式是大多數專家都極度不贊同的概念，因此你正在努力的目標幾乎可說是其他人不曾想過的事。
- **由小到大**。許多人失敗的原因在於選擇的內容定位不夠小眾，他們害怕小眾定位的市場太小、無法獲利，但就我的觀察，這種現象從未發生過，大多數的失敗案例都是因為創業路線太廣泛而不夠專精。

既然你已經了解其中的風險，就請準備好迎接這套能夠改變人生的商業模式。只要堅持模式、避免消極，你將會成功在握。

【參考資料】

唐・舒爾茨、海蒂・舒爾茨，《IMC整合行銷傳播：創造行銷價值、評估投資報酬的五大關鍵步驟》，美商麥格羅・希爾，二〇〇四。

Biornson, Leah, “16 Branded Content Stats That Prove Its Value,” Pressboard, accessed October 5, 2020, https://www.pressboardmedia.com/magazine/best-branded-content-stats.

Interview with Electric House by Joakim Ditlev, September 2020.

Interview with Wally Koval by Clare McDermott, August 2020.

Perez, Christina, “Accidental Wes Anderson Is the Instagram Trend You Didn’ t Know You Needed,” Vogue, accessed September 22, 2020, https://www.vogue.com/ article/accidental-wes-anderson-instagram.

Pew Research Center, Mobile Fact Sheet, accessed October 11, 2020, https://wwwpewresearch.org/internet/fact-sheet/mobile/.

Rose, Robert, and Carla Johnson, Experiences: The 7th Era of Marketing, ContentMarketing Institute, 2015

Schultz, Don, and Heidi Schultz, IMC-the Next Generation, McGraw-Hill Professional, 2003.

“Self-Service: Do Customers Want to Help Themselves?,” Zendesk, accessed October 10, 2020, https://www.zendesk.com/resources/searching-for-self-service/

Sundance: Sean Baker on Filming ‘Tangerine’ and ‘Making the Most’ of an iPhone; Variety.com, accessed September 23, 2020, http://variety.com/video/sundance-sean-baker-on-filming-tangerine-and-making-the-most-of-an-iphone/.

“What Consumers Want from Brands in a Divided Society,” Sprout Social, accessed October 1, 2020, https://sproutsocial.com/insights/data/social-media-connection/. “

第二部　甜蜜點

好的策略就是選擇該放棄什麼。

——————————麥可・波特（Michael Porter）*

成功的內容創作者都有專屬的甜蜜點，現在該換你找到甜蜜點了。

第三章 專業＋需求

你的使命就是發掘自己的使命，並且全心全意的讓自身投入其中。

——釋迦牟尼

本章會定義和概略介紹內容創業模式的第一步驟：甜蜜點。這是指你的專業（知識或技能領域）和受眾需求的交會點，而你的策略就是這裡開始。

▲如果你已經充分掌握這個概念，請直接跳至下一章。

＊註：著名管理學家與經濟學家。

馬修・派翠克（Matthew Patrick）的家鄉位在梅迪納（Medina）這座小城市，就位在美國俄亥俄州克里夫蘭外圍。從有記憶以來，馬修就一直對電動遊戲很有興趣，以瑪利歐為主題的房間佈置伴隨著他成長，他也總是和朋友一起熬夜玩「龍與地下城」（Dungeons & Dragons）。高中時當班上大多數的男生到戶外運動，馬修卻選擇加入歌舞團、在管弦樂團拉中提琴、並且參與學校的每一場舞台劇。

沒錯，馬修熱愛表演，不過他也是個天才，他在SAT測驗獲得滿分一千六百分，順利進入大學攻讀腦神經科學。大學時期，馬修並沒有在每個週末參加兄弟會派對，而是舉辦「週五起司火鍋」之夜，大玩特玩「薩爾達傳說」（Zelda，流行電玩遊戲）。

大學畢業後，馬修將目標放在演戲並搬往紐約，之後也在幾場表演中演出。在兩年間，馬修把握每一次演出機會，不論角色為何，成就大約是紐約市挨餓演員的平均值。保守點說，日子並不好過，戲劇界不如馬修所想像的那麼美好。

二〇一一年，馬修放棄成為演員的夢想，決定去找一份「真正的」工作。然而，演技和導戲並不是創新企業所需要的才能，在接下來的兩年，馬修寄出無數份履歷，更糟糕的是，在失業期間他的信心跌落谷底，沒有人願意為馬修打開合適的機會之門。

馬修決定自立自強，並且寫出一份企業難以忽視的亮眼履歷。馬修認為只要能夠向雇主展示他知道如何培養受眾，也熟知新型態媒體的內部運作方式，企業就會了解這些技能的價值。

馬修在網路上觀賞關於透過遊戲學習的節目時，製作「遊戲理論」（Game Theory）影片的想法突然迸出。於是遊戲理論成為每週更新的YouTube系列影片，成功結合了馬修的愛好以及技能組合，也就是電動遊戲以及數學與分析。

馬修在一年間共製作五十六集影片，並且累積了五十萬名YouTube訂閱者，這些觀眾都對馬修如何分析數學與遊戲的關聯很感興趣。舉例來說，其中一集影片「PewDiePie（網路影片名人）如何征服YouTube」（How PewDiePie Conquered YouTube）的觀看次數超過五百萬；「為什麼薩爾達傳說的官方時間軸並不正確」（Why the Official Zelda Timeline Is Wrong）這一集的下載次數更超過四百萬。

目前，馬修．派翠克的「遊戲理論」品牌已經吸引超過四百萬名訂閱者，一些全球最大牌的YouTube名人直接找上馬修，請他協助提升影片觀看人數。就連無所不能的YouTube公司本身也聘請MatPat（馬修的網路暱稱）為顧問，請他協助YouTube維持並提升觀眾人數。

甜蜜點

> 起步於現在的立足點；運用現在擁有的一切；完成現在可以做的事。
>
> ——亞瑟．艾許（Arthur Ashe）*

成功應用內容創業模式的第一步，就是找出甜蜜點。簡而言之，甜蜜點是你的專業（知識或技能）和受眾需求或痛點的交點（請見圖3.1）。

* 美國網球手。

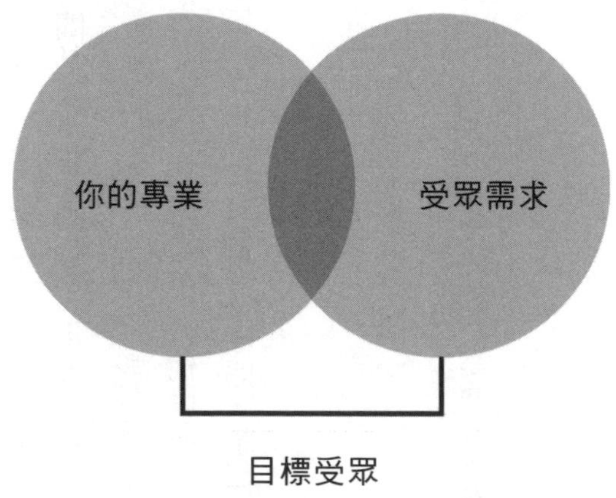

圖3.1 甜蜜點指的是你的專業和受眾需求的交點。

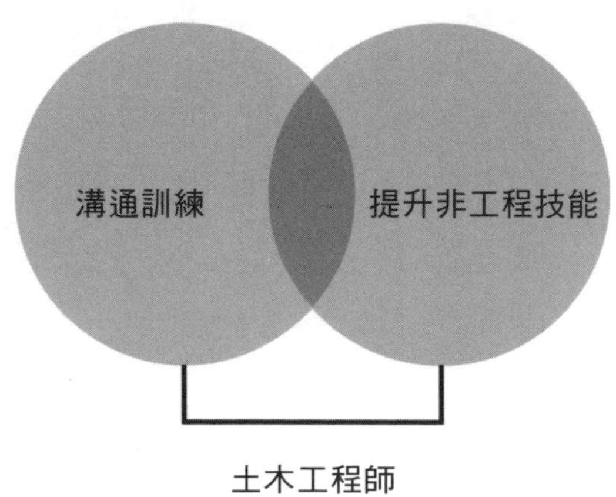

圖3.2 EMI的甜蜜點落在EMI的溝通訓練專業以及土木工程師對社交能力的需求交會處。

首先讓我們看看各種內容創業模式甜蜜點。

一、安東尼．法薩諾：工程管理研究所（ENGINEERING MANAGEMENT INSTITUTE）

安東尼（Anthony Fasano）一直以來的目標都是協助工程師提升軟實力。他注意到市面上有大量資訊可以協助工程師精進技術，卻沒有太多內容有助於他們改善溝通能力。

安東尼具備很不尋常但十分有價值的技能組合，他不僅是經過正規訓練的工程師，大學畢業後第一年還有培訓其他工程師的經驗，包括如何建立人脈、引進新業務以及管理團隊。經過幾年的培訓後，安東尼認為自己可以開始做一些嘗試。於是他成立了「工程管理研究所」（EMI），現在會定期向兩萬多名工程師提供教育資訊（多半透過Podcast）。圖3.2為EMI的甜蜜點。

二、亞麗珊卓．托瑞：TORRE INK

亞麗珊卓．托瑞（Alessandra Torre）七度名列《紐約時報》暢銷書榜單，共出版過二十三本小說。乍看之下，你會以為她就是個知名的成功小說家。

在亞麗珊卓展開寫作生涯五年後，她注意到有很多前來聯絡的作家都有以下疑問：「你是怎麼開始的？」「你用的是什麼出版工具？」「我應該要找經紀人嗎？」「我要怎麼登上《紐約時報》暢銷書榜單？」

有段時間亞麗珊卓花了數個月一一解答這些問題，後來她想到有個更好的方式可以協助這些胸懷大志的作家。

「我開始彙整出一套課程，然後建立影片庫，這樣我就能直接和其他人分享我所知道的出版、寫作和行銷知識。」亞麗珊卓如此表示。就這樣，亞麗珊卓的「Torre Ink」誕生了，旗下不僅有十分成功的作家研討會活動Inkers Con，還有多項會員與培訓計畫。

三、安迪．施奈德：以「雞的悄悄話」聞名

安迪．施奈德（Andy Schneider）不僅是後院養雞界的霸主，也是解決任何雞隻相關問題的首選達人。住在亞特蘭大地區的安迪開始在後院養雞之後，先選擇將雞隻直接販售給朋友，後來又在Craigslist*上銷售。有許多人對於在自家養雞很有興趣，但他們需要學習非常多相關知識才能著手開始，於是安迪在亞特蘭大安排「定期聚會」，為這些有意在自家後院養雞的人解答疑惑（請見圖3.4）。

根據安迪的說法：「這些參加聚會的同好都是來自亞特蘭大都會區；我們每個月聚會一次，然後

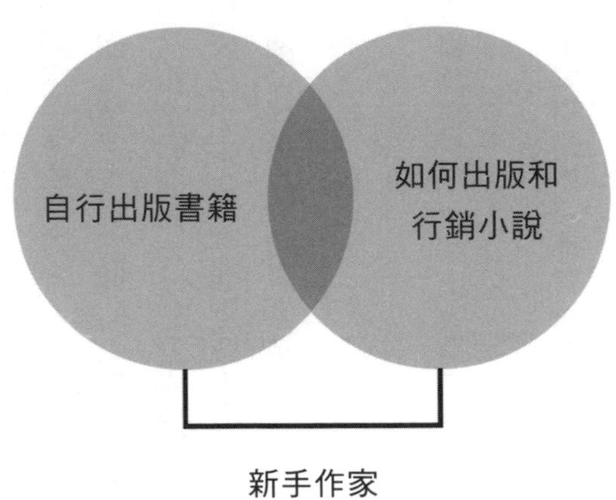

圖3.3 Torre Ink的甜蜜點：
Torre Ink具備出版書籍的專業能力，而亞麗珊卓的新手作家受眾想要瞭解如何出版書籍。

盡情享受這段時間，我們會選擇餐廳包廂作為聚會場地，一起用餐並且分享彼此的經驗、相互學習。於是我上網搜尋，找到了很實用的資源Meetup.com，這個網站非常受歡迎，全國有相同興趣的人透過這個方式，成功舉辦了數百萬次的定期聚會。」

接著，安迪的社團改為每個月聚會數次，而隨著社團逐漸壯大，當地媒體也開始關注。當地的CBS分公司決定採訪安迪，此舉又引起亞特蘭大第一大報《亞特蘭大憲政報》（*Atlanta Journal Constitution*）的注意。從此之後，安迪將「雞的悄悄話」的版圖擴張至書籍、雜誌（訂閱數超過六萬份）以及廣播節目，目前廣播節目已經邁入第六年，每週收聽人數超過兩萬人。此外，安迪也在美國國內旅遊巡迴，由他的主要資助來源飼料廠商塔客加工廠（Tucker Milling）獨家贊助。

* 美國大型免費分類廣告網站。

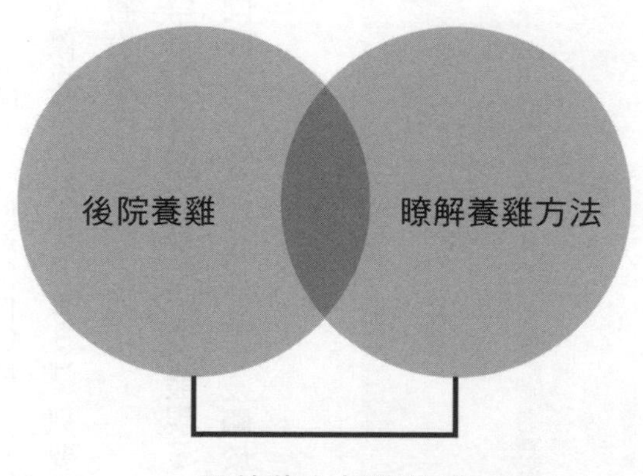

圖3.4「雞的悄悄話」找到了甜蜜點：亞特蘭大郊區住戶想要瞭解如何養雞。

發掘專業領域

透過分析各個內容創業模式個案可以發現，應用這套模式時需要先發掘個人的特殊知識領域或是獨特技能。我的好友JK・卡利諾斯基(JK Kalinowski)具備的知識涵蓋多個領域，包括KISS樂團、匹茲堡鋼人美式足球隊、超級英雄、以及威士忌品牌傑克丹尼(Jack Daniels)。只要是屬於以上領域的話題，JK的專業知識就足以讓一般人佩服得五體投地。

除了具備這些領域的知識以外，JK還是經驗老道的平面設計師。最近，JK發現了一部分的甜蜜點，也就是為超級英雄角色設計不同的形象，可以同時運用設計師的技能以及關於超級英雄的知識。

如何開始？

請先列出自己相較於一般人更具優勢的技能組合或知識領域。這個階段需要腦力激盪，所以目前是答案越多越好。

知識領域	特殊技能

如果你以正確方式完成這項練習，列出的知識領域應該會大幅多於技能領域。我的清單如下：

〈知識領域〉	**〈特殊技能〉**
股市	演說
比利．喬（Billy Joel）的歌曲	非小說／小說寫作
商業模式	規劃出版模式
克里夫蘭的運動隊伍	教學
八〇年代棒球卡	

也許你的狀況和銦泰科技（Indium Corporation）比較類似。銦泰科技是跨國製造公司，總部位在紐約上州，主要是研發和製造多用於電子組裝業的材料。就公司的核心事業而言，銦泰科技專門研發焊接材料，也就是防止電子零件鬆脫的材料。

瑞克・修特（Rick Short）是銦泰科技的行銷宣傳總監，他很清楚銦泰的員工絕對比全球任何一家公司都還要了解工業焊接設備。這是很合理的判斷，畢竟焊接正是銦泰科技生產最多產品的領域。銦泰的風氣不僅提倡共享知識，更提倡從個人惠及人人。公司內部有各領域的專家樂於分享經驗，行銷團隊也熱衷於運用社群媒體分享知識。不過瑞克特別指出，比內部具備的專業知識更重要的是，工程師亟需焊接程序的相關教育資源。

銦泰科技針對這個甜蜜點所挑選的平台就是部落格，目前名為「工程師互助會」（From one Engineer to Another）的部落格寫作團隊規模已經從兩名一般部落客，成長為二十九名專業部落客，如今，這個部落格已是銦泰科技提昇業績的最新首選工具。

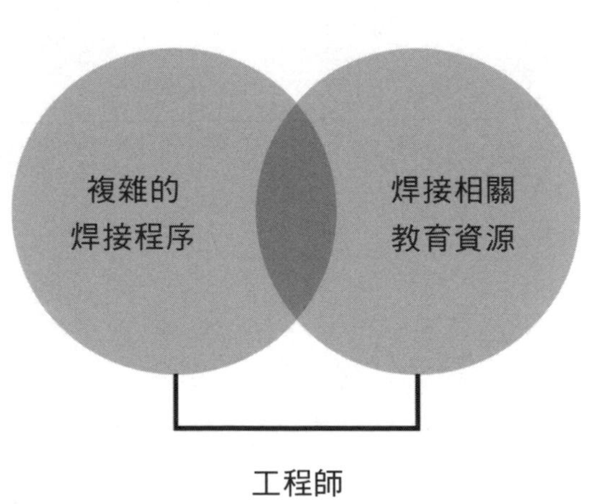

圖 3.5　銦泰科技的甜蜜點。

為何熱情並非必要

二〇〇五年史帝夫・賈伯斯在史丹佛發表畢業演說，這段影片的觀看次數已經超過一千萬。在演講中，賈伯斯向畢業生提出以下的建議：「你必須找到自己熱愛的事。成就偉大事業的唯一方法就是熱愛自己所做的事。如果你還沒找到自己的熱情，繼續尋找，不要妥協。」

《如何成為出眾人才》（*So Good They Can't Ignore You*）的作者卡爾・紐波特（Cal Newport）認為，如果當初賈伯斯確實遵循上述的建議，蘋果電腦根本不會問世。紐波特指出：「如果年輕的史帝夫・賈伯斯聽了自己的忠告，然後決定只追求自己熱愛的工作，現在他大概會是洛思阿圖斯（Los Altos）禪修中心最受歡迎的老師。」

有一派人將內容創業家／內容創作者產業稱為「熱情經濟」（Passion Economy），我認為這種說法不太精確。就如紐約大學教授史考特・蓋洛威（Scott Galloway）一再強調的：「跟著你的才能走，而不是熱情。」這個道理也可以套用在內容創業模式上。

舉例來說，你可能對內燃機或六十四位元運算有十足的興趣。問題是，你沒有太多機會可以透過內容創業模式耕耘這些領域。事實上，你應該要找到自己的專業和才能所在，接著盡力投入，學習一切相關的知識。一段時間後，你就會發現內容創業模式機會。

對於自己的內容創業模式產業、受眾或平台抱持熱情會有幫助嗎？絕對會。但熱情是必要的嗎？完全不是。

你不需要對自己所從事的一切都懷抱熱情也能成功……只要有一部分就夠了。許多內容創業家並非對自己的產業、受眾和內容都充滿熱情，只要對其中一個領域有熱情就足夠。

沒有受眾一切免談

再次看看甜蜜點的實例，這些例子之所以成功，是因為這些創業家理解受眾的特殊需求。甜蜜點能夠發揮作用，就是因為某處的某些人想要獲得某些內容。人人都有特定的需求和痛點需要滿足或解決。

你的知識或技能程度也許對你來說很重要，但如果無法用來協助你的受眾，就沒有任何意義。你所掌握的知識加上受眾需求才會形成完整的甜蜜點，而這就是我們下一章要討論的主題。

【參考資料】

"Difference Between Knowledge and Skill," Differencebetween.net, accessed September 18, 2020, http://www.differencebetween.net/language/difference-between-knowledge-and-skill/.

Interviews by Clare McDermott:

Alessandra Torre, August 2020.

Andy Schneider, January 2015.

Anthony Fasano, August 2020.

Matthew Patrick, August 2020.

Isaacson, Walter, "How Steve Jobs' Love of Simplicity Fueled a Design Revolution," Smithsonianmag.com, accessed September 18, 2020, http://www.smithsonianmag.com/arts-culture/how-steve-jobs-love-of-simplicity-fueled-a-design-revolution-23868877/?no-ist.

Newport, Cal, "Do like Steve Jobs Did: Don't Follow Your Passion," FastCompany com, accessed September 18, 2020, http://www.fastcompany.com/3001441/ do-steve-jobs-did-dont-follow-your-passion.

Patrick, Matthew, "Draw My Life: 遊戲理論（Game Theory）, MatPat and You," YouTube.com, accessed August 18, 2020, https://www.youtube.com/watch?v=8mkuIP_i3js.

"Steve Jobs' 2005 Commencement Address," Stanford News, accessed September 18, 2020, https://news.stanford.edu/2005/06/14/jobs-061505/.

第四章
深入探究受眾

人人都有想訴說的故事和想販售的產品，張嘴前先瞭解你的受眾。

——無名氏

知識固然有價值，但如果你不知道這些知識的目標受眾是誰，就無法在內容創業模式內發揮效果。現在讓我們來探討你應該與什麼群體建立關係。

▲如果你已經充分掌握這個概念，請直接跳至下一章。

數年前，我有機會參與一場加拿大多倫多企業行銷人員工作坊。在工作坊的一次交談中，有位部落格管理人任職於市值數十億的科技公司，她說自己在經營部落格時遇到了問題。她每天在部落格上更新的內容越來越多，但網站流量卻是一灘死水，訂閱人數和交流頻率更是一路往下掉。

我提出的第一個問題是：「部落格的受眾是誰？」

她回答：「我們希望部落格可以吸引十八類不同的受眾。」

我說：「我知道你的問題在哪了。」

誰是關鍵受眾？

無法成功應用內容創業模式的企業不在少數，問題就在於，這些企業在溝通時只把重點放在自身擅長的領域，而不是特定的受眾和受眾的需求。

如果所有的努力都是為了我們自己，而且我們

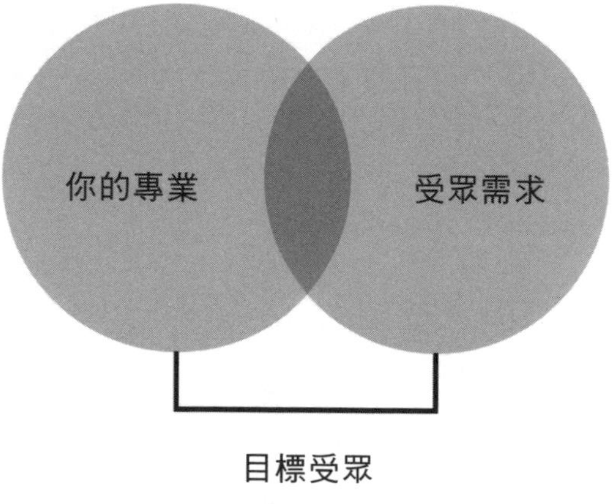

圖 4.1　必須先徹底理解受眾，內容創業模式才能發揮作用。

在沒有特別顧及受眾需求的情況下分享自己的知識，真的有人會在乎嗎？可能不多。

為了完成發掘甜蜜點的公式，我們需要確認「對象」，誰是內容的受眾？請記得，要讓內容創業模式發揮作用，就必須找出打造引擎的方法，好為特殊小眾市場提供出色的內容體驗。若要實現這一點，我們需要盡可能地精確定義受眾、受眾需求以及痛點（圖4.1）。

嘗試回答下列問題：

1. 誰是一般常見的受眾成員？他們如何度過平凡的一天？
2. 這些受眾的需求為何？關鍵問題並不是「為什麼他們需要我們的產品或服務？」而是「他們需要什麼樣的資訊，又有什麼急迫的需求，所以與我們訴說的故事有連結？」
3. 這些受眾為什麼要關注我們、我們的產品及服務？提供給這些受眾的資訊才是引起關注或吸引目光的關鍵。

你在設想「受眾」時不必巨細靡遺，但至少要有充足的細節，你才能在腦中清楚刻劃出他們的形象，並且為這些對象創作內容。

英國仲介公司「速度夥伴」（Velocity Partners）的共同創辦人道格・凱斯勒（Doug Kessler）指出，甜蜜點就是「你的公司比任何人都還要了解（或者至少要和其他專家一樣了解）的事情」。而釐清「受眾」可以幫助你滿足所有條件，順利發掘出你的甜蜜點。

河流泳池裝設公司（River Pools & Spas）前執行長馬可斯・謝里登（Marcus Sheridan）現在是全球最

具公信力的玻璃纖維游泳池專家，專為有意購入游泳池的屋主提供建議。如果馬可斯的目標受眾是玻璃纖維游泳池製造商，他所提供的內容將會大不相同。「對象」就是讓內容具備成功條件的關鍵。

River Pools & Spas的成功故事

River Pools & Spas公司專門裝設玻璃纖維游泳池，經營範圍包含維吉尼亞州和馬里蘭州，旗下員工有二十人；二〇〇九年後期，公司面臨困境。在金融大海嘯期間，屋主減少外出，也不可能購買玻璃纖維游泳池，更糟的是，原本有計劃購入游泳池的顧客，開始要求River Pools退回訂金，有些金額高達五萬美元或更多。

幾週之後，他們的支票帳戶宣告透支，不僅無法支付員工薪水，公司也可能就此關門大吉。

River Pools & Spas的執行長馬可斯·謝里登認為，生存下去的唯一方法就是從競爭者手中搶下市占率，這表示要用另類的方式思考如何讓公司進入市場。計畫剛開始時，他們的年營收僅約略高於四百萬美元，每年卻花費將近二十五萬美元行銷，在維吉尼亞州還有四家同業的市占率都高於River Pools。

兩年後，River Pools & Spas已經成為北美地區銷售量最高的玻璃纖維泳池裝設公司，行銷支出也從二十五萬美元降低為四萬美元，同時公司的得標率高出一成五，並成功將銷售周期（sales cycle）縮短一半。當River Pools的銷售量增加超過五百萬美元，同期間一般的游泳池裝設公司卻流失了五成至七成五的銷售量。

想當然，River Pools & Spas成功的繼續營運。

馬可斯是如何做到的？他想遍並記錄顧客可能有的任何疑問，接著在部落格上回答這些問題。現在，不論是搜尋引擎的檢索結果或是社群媒體的分享次數，都顯示River Pools & Spas是提供玻璃纖維游泳池相關資訊的全球領導者。

故事後續

River Pools公司的故事傳遍全球，是當紅的內容創業模式範例，但有件事你可能不清楚，River Pools現在稱得上是跨國企業，都是因為內容創作。世界各地的公司都希望River Pools能協助裝設游泳池，還有公司希望馬可斯親自遠赴海外提供服務。不過很可惜的是，River Pools的服務地區非常侷限，無法善加利用這些額外的需求量。

踏入製造業。River Pools決定開始自行生產玻璃纖維游泳池，而這一切的起因就是內容曝光。現在他們將自身定位為玻璃纖維游泳池裝設暨製造公司龍頭，這可是出乎所有人意料的經營方向。

一旦你運用內容培養出受眾，銷售額外產品的機會將會多得永無止境。

查德．奧斯特洛斯基（Chad Ostrowski）放棄成為搖滾明星的夢想之後，決定要成為一名教師。這個轉型過程實在稱不上是順利。

「查德會說那是他人生中最糟的一年。」查德的合夥人和好友傑夫．加爾加（Jeff Gargas）如此說道：「到了那個地步，他知道自己必須做出改變，才能把教學做得更好，否則他就得放棄當老師。當時他真的是非常掙扎。」

後來查德破釜沉舟，發想出所謂的「網格法」（Grid Method），這是一種可以自行決定步調並以能力為基準的學習系統。

網格法開始有了成效，查德同校的老師開始認可和關注他的教學法，後來範圍還擴大到他所在的學區以及主管機關。「他常常在走廊上被（其他老師）攔下來問各種問題，他們都想知道他在課堂上做了什麼改變。」加爾加如此說道。

查德認為自己掌握了某種知識，但不確定是什麼。於是他決定和加爾加見面談一談，因為加爾加近期剛展開網路行銷事業。

會面之後，查德和傑夫（後來瑞．休哈特〔Rae Hughart〕也加入行列）都認為他們可以運用網格法，並且幫助全國的授課教師。

這次會面催生出全球最成功的教學網站之一：「教學幫手」（Teach Better），如今網站的合作對象橫跨全美各個學區以及全球的教師。成功的關鍵就在於以受眾為主。

「教學幫手」的受眾並非所有的教師，而是非常特定的一類教師。「我們在製作內容的時候，把重點放在遇到以下任一種情況的老師：一，發現自己需要重拾或重燃熱情；二，發現大部分的教育制度失靈，並且希望為學生提供他們真正需要的協助。」加爾加表示。

現在讓我們來分析「教學幫手」的甜蜜點。其中的知識／技能就是網格法，而根據「教學幫手」網站，「網格法是以學生為主並以能力為基準的系統，是根據課堂層級設計而且可以配合任何教師的風格，適用於任何課程、任何課堂。」步驟一完成了。

現在讓我們來看看受眾需求。查德和傑夫鎖定的對象是迫切想要改善現狀的教師，他們要不是得找到更好的教學方法，就是得放棄教職。

網格教學法以及發現有大量理想幻滅的教師正在尋找更好的教學方式，兩者的交會點就成了「教學幫手」的甜蜜點（請見圖4.2）。

現在讓我們再次談談老朋友「雞的悄悄話」；安

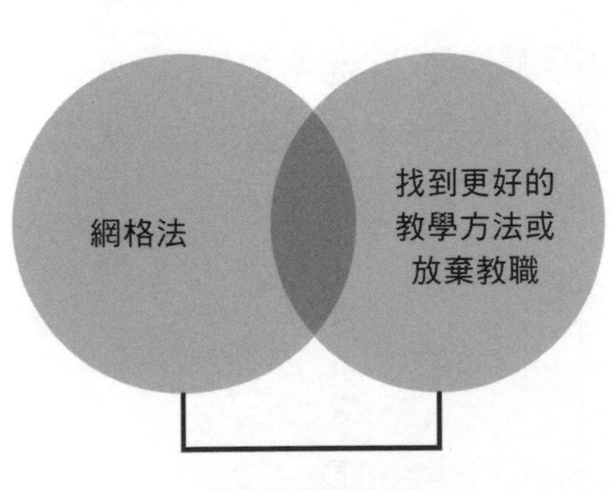

圖4.2　「教學幫手」的網格法鎖定的對象是理想幻滅的教師。

迪・施奈德原本的甜蜜點是結合後院養雞的知識，以及郊區居民想學習養雞技術的需求。而真正讓安迪的做法發揮作用的是他從一小群受眾著手：亞特蘭大地區的郊區住戶。

在這個階段，我們已經有足夠的資訊，用一句話就能定義甜蜜點。這個推導過程和媒體公司開始構思編輯宗旨（後文會詳細說明）的方式很類似。

安迪・施奈德的事業宗旨大概會接近以下這段話：

為亞特蘭大地區郊區住戶解答任何在自家養雞過程中可能產生的疑問。

化零為整

先前已經展示過甜蜜點的視覺化範例，現在我們要讓這個模式的涉及層面更廣。下列範本可以協助你開始構思初步策略：

宗旨：________

主要受眾：（越明確越好）________

職稱／職位範例：________

本組織的重要性：（這是很關鍵的第一步，可以開始考量受眾的購買力。說明如何創造收益的章節會有更深入的討論）________

主題領域範例：（有哪些問題需要解答）________

以下是以我們在二〇一〇年正式成立的內容行銷機構為例完成的表格，我們的一大關鍵決策是專注於大型組織內的內容工作者，而不是所有組織。

- **【內容行銷機構（CMI）】**

宗旨：為企業行銷人員提供詳細的內容行銷資訊教學，協助他們培養受眾，並在行銷生涯中獲得成功。

主要受眾：大型企業組織內的內容行銷從業人員與內容創作者。

職稱／職位範例：內容行銷總監、內容行銷經理、數位策略經理、行銷副理、數位行銷經理、公關經理／總監、社群媒體總監、傳播總監。

本組織的重要性：大多數組織仍採用付費媒體行銷，然而CMI認為在未來十年間，由企業品牌直接製作的內容才是行銷主流，運用企業的外部資源推出廣告或代言活動將不再盛行。當今的企業對於這股趨勢毫無招架之力，因此需要針對內容行銷的策略與戰術，推行大量教育訓練。

主題領域範例：構思策略、培養受眾、實施流程（包含取得行政支持，以及持續針對進度說明與溝通）、創作內容、推廣與傳播內容、衡量績效與投資報酬率（ROI）。

在電影《歡迎來到布達佩斯大飯店》（*The Grand Budapest Hotel*）中，門僮的職責就是澈底了解顧客，甚至可以設想到顧客的需求。現在你的目標就是如此，你必須澈底了解受眾，讓自己有能力長期創作出吸引人的內容，而你的受眾剛開始甚至沒有發覺自己需要這些內容。

【參考資料】

《歡迎來到布達佩斯大飯店》，Fox Searchlight Pictures，二〇一四年三月上映。

Interview with Jeff Gargas by Clare McDermott, August 2020.

Interview with Marcus Sheridan by Clare McDermott and Joe Pulizzi, January 2015 and August 2020.

第三部　轉換內容

想像力失焦時，不可相信眼睛所見。

——————————馬克・吐溫（Mark Twain）

全球市場上已經有太多相似的內容，若想成功運用內容創業模式，你必須脫穎而出。

第五章
不轉換就失敗

當鱒魚飛躍出水面，與其說是在游泳，
不如說是轉動魚鰭後，一股腦衝向天空。

——約瑟夫・蒙寧格（Joseph Monninger）*

可惜的是，只有甜蜜點還不夠。我們需要讓內容夠突出，才能突破重圍，而唯有轉換內容才能做到這一點。

▲如果你已經充分掌握這個概念，請直接跳至下一章。

* 註：美國著名當代作家。

在基努・李維（Keanu Reeves）和勞倫斯・費許朋（Laurence Fishburne）主演的電影《駭客任務》（The Matrix）中，基努・李維的角色（尼歐）必須通過測試才能證明自己是「救世主」；當尼歐站在等候區，看到一名年幼的門徒拿起一支支湯匙並用念力折彎，尼歐在門徒旁邊坐下之後，小男孩告訴尼歐，他必須用不同的角度看待湯匙……事實上湯匙根本就不存在。

不久之後，尼歐學會改變大腦的認知方式，成功地緩緩將湯匙折彎。

不同的成功故事

彼得・提爾認為，大多數的企業之所以失敗，原因就是一味模仿其他競爭者。提爾在著作《從0到1》中對企業提出建議，認為他們應該「發掘出沒有人做過的事，並且試圖在未經開發的領域取得獨占優勢。找出無人解決的問題。」可惜的是，大多數公司所創作的內容和訴說的故事，與其他競爭者毫無差異。

如果你在Google上搜尋「雲端運算」，會得到超過四億六千兩百萬筆結果。接著如果你前往Amazon、甲骨文（Oracle）、賽富時（Salesforce）和微軟的網站，查看這些公司提供的雲端運算相關內容，會發現基本上都是相同的資訊。到底誰才是雲端運算的專家？

顯然不是這四家企業。

有太多企業用相同的方式談論相同的主題，千篇一律永遠都無法突破重圍。道格・凱斯勒（Doug Kessler）把這種現象形容為「滿山滿谷的無聊」（the mountain of meh）：企業忙著創作和其他競爭者一模一樣的內容，無聊透頂。

網路上有上百個關於辣椒的部落格，都是在介紹辣椒的「辣度」。克勞斯・皮格（Claus Pilgaard）則找到另一種說故事的方式，讓自己在這場內容競賽中獨樹一格，也就是探討辣椒的「風味」。克勞斯現在是國際級的辣椒名人，因為他以全新的方式處理內容。克勞斯選擇轉換內容，扭轉了戰局。

轉換內容

內容創業模式的成功條件就是內容要有所不同，你的內容必須填滿無人填補的內容漏洞。你必須找到一個無人解決的問題領域，並且運用有價值的資訊開拓這片領域。這個步驟就是所謂的「轉換內容」。

轉換內容指的是網路上幾乎或完全沒有競爭對手的領域，讓你有機會衝破雜訊並且變得有影響力。這正是你與眾不同的關鍵，你的受眾會因此注意到你，並且願意投以關注。

儘管發掘甜蜜點是內容創業模式流程中的重要步驟，轉換內容才是讓你在市場中與眾不同的關鍵。《城鎮公司》（*Town INC.*）的作者安德魯・戴維斯（Andrew Davis）將這個階段稱為創造「誘因」——在熟悉的主題上做個簡單的變化，目的是吸引受眾。如果你的內容「轉換」不夠明顯，無法讓你的故事顯得突出，這些內容就會沒入網路上各種零碎的資訊中，就此被人遺忘。

「行動屋頂裝修公司」(Action Roofing)在加州聖塔芭芭拉市提供服務已超過三十年。這家公司提供許多類型的優質服務,包括屋頂維修和安裝,但大多數人之所以知道他們,是因為執行長傑克·馬丁(Jack Martin)每天都會報告天氣。以下是二〇二〇年十月五日的例子:

各位週一早安:

今天我家這邊開始有濕氣和毛毛雨。在一些沿海地區,外面濕氣比較重。今天早上我家的攝影機甚至還拍到有隻浣熊在門前的台階上。

傑克幾乎每天發布的天氣報告非常受歡迎,就連當地新聞台也經常評論傑克平易近人又幽默的天氣雜談。

案例分析:安·里爾頓(Ann Reardon)

二〇一一年,安產下第三個兒子後,開始尋找在夜間哺乳時間可做的事,於是她開始經營名為「如何煮出那道菜」(How to Cook That)的食譜網站。「我每週會發表一份食譜文章,也會錄製一些影片搭配網站內容,但影片檔太大無法上傳到網站,所以我把影片上傳到YouTube,再把影片嵌入網站。」

走入家庭之前，安原本是具備正式資格的食品科學家和營養師（技能領域），同時她也熱愛教學以及與小孩相處，因此後來安決定轉換跑道，在較為貧窮的澳洲西部從事青少年相關工作。

安分享這段經驗時說：「我非常愛這份工作，也有很多美好的回憶。不過我們的預算非常有限，所以我在當時自學如何為青少年機構編輯影片，也學會如何為各種活動準備餐點。一段時間之後，有些年輕人問我是不是能教他們烹飪，於是有一群年輕人開始和我一起烘焙，我們都很享受在廚房的時間。」

你可能會認為食譜部落格和YouTube上的烘焙「教學影片」不算什麼新鮮事，你的想法並沒有錯，真正讓安與眾不同的是轉換內容。

安的食譜和烘焙教學全都是以超乎想像的成品為主題，例如用重達五磅的士力架巧克力棒製成甜點，還有看起來像鮑伯．魯斯（Bob Ross）畫作的蛋糕。

「很多人開始經營YouTube頻道時，會嘗試模仿其他人做過的事，但已經來不及了，」安如此解釋。

「僅僅是一個呼吸的瞬間，上傳到YouTube的新影片加起來就足足有八小時，所以我必須讓觀眾有理由回到我的頻道看影片。」

二〇一二年一月，安發現自己的YouTube頻道訂閱人數達到一百人，心中激動不已。八年後，安的內容下載次數已經逼近十億次。如果將她目前經營的平台加總，每個月的觸及人數將近一百萬。

安的確發掘了屬於自己的甜蜜點，也就是結合食品知識以及受眾對步驟詳細的食物主題教學有興趣，不過，安選擇製作超乎想像的食物成品以轉換內容，才是她脫穎而出的關鍵（圖5.1）。

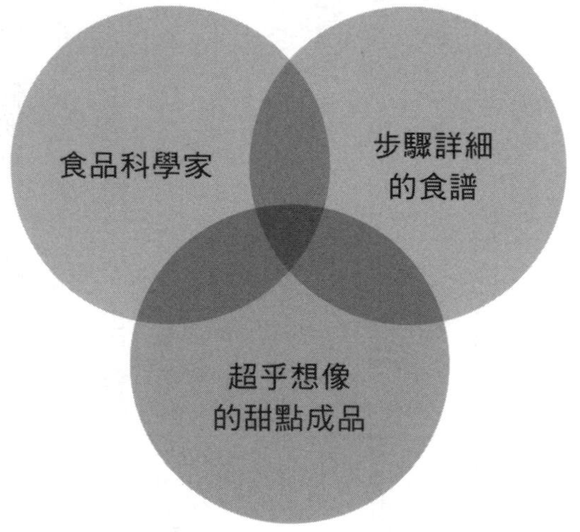

圖5.1 安・雷爾頓轉換內容的方式是將重點放在超乎想像的甜點成品。

新創事業與內容的特殊挑戰

「行銷製作人」(Marketing Showrunners)創辦人傑伊．阿昆佐(Jay Acunzo)曾與幾間新創科技公司合作進行內容行銷。奇怪的是，儘管大部分的新創公司都希望能根據自身的市場定位，製作出全球最出色的產品，他們卻不相信自己創作的內容也能做到最好。

傑伊在一次訪談中表示：

我問新創公司，你們認為在現在或未來，無論你們在市場上發現了什麼問題，公司的產品會不會成為解決這個問題的最佳方案？因為這才是科技公司創辦人創業的真正原因；他們發現問題，而且想用優於既有方法的方案解決問題，所以這些創辦人全都一致回答：當然，我們的產品絕對比競爭者還要好。

於是我又問，為什麼你認為產品可以做到最好，但內容卻不行？而對我來說，歸根究柢這就是心態和技能組合的問題，創業家看待內容的方式和行銷人員不一樣，他們認為內容只是隨機收集一些剛過時的典範實務，「所以我們必須經常更新部落格……可是人人都在經營部落格，為什麼我們也要跟著做？」

這並不是重點，重點在於你能不能用特殊的方式解決問題？既然你的產品可以，那麼你的內容也應該要可以。當人人都在滿口理論的討論行銷時，你可能會這樣想：「這太難了；

我打算設計出一個好產品，讓行銷變得非常、非常容易，就像即插即用一樣簡單。」很好！既然你相信自己的產品有這種效果，當你要創作內容時，就千萬不要只是單純經營部落格；你必須做出不同凡響的事。

他們（新創公司）充滿信心，認為自己可以與眾不同並且做出前所未有的產品，不過當然也會有不同的聲音出現，不少人都曾經做過與這些新創公司相同的事，但他們卻覺得：「沒關係，我才不在乎，我可以做得更好。」我認為是心態和技能組合導致他們有這種想法。

……我認為，你需要的是更努力思考如何選擇市場定位，以及你的產品是從哪一個角度切入問題……你必須用創作內容傳達這一點。而且你知道嗎，如果你的內容確實反映出產品的本質，但還是不夠創新，這表示你的產品很有可能無法成功，所以此時你應該要重新檢視創業的真正宗旨，這種做法的效果總是讓我大吃一驚。這些創業家自信十足，認為自己的產品比其他競爭者更能解決問題，這一點應該要透過內容向受眾闡述，但他們就是沒有想到這一點。

案例分析：MIILD

二〇一六年，化妝師蒂恩・愛蜜莉・斯文森（Tine Emilie Svendsen）突然產生嚴重的過敏反應：打噴嚏、臉上出現紅斑、吞嚥困難。她的皮膚科醫生表示，這些症狀是化妝品中的某些化學成分所引起。

與一些朋友交流後，愛蜜莉發現有許多人因為相同的原因無法使用化妝品。沒過多久，愛蜜莉便與好友葛瑞格森（Tanja Gregersen）及行銷專家拉森（Nicki Larsen）合作，提出打造永續且低過敏原化妝品的想法。這是一個大膽的發想，需要費時多年才能讓產品上市。不過，他們改為採用內容創業模式。

「美妝產業是一場大規模的宣傳遊戲，一點也不透明。我們做的第一件事就是推出部落格thisispure.dk，目的是突顯一般化妝品的問題，並提供相關指引。」拉森如此解釋。

他們開始在許多管道測試內容，不過Instagram成了其中的關鍵。頻道（@miildbeauty）迅速成長，因為越來越多的年輕女性想獲得他們的一貫建議，來解決使用傳統化妝品時遇到的困難。顯然，Mild將重點放在化妝品的科學原理和過敏反應，確實填補了明顯的內容空缺。

如今，Mild的內容行銷模式包括Instagram（三萬兩千名粉絲）、強大的電子報服務（九千名訂閱者）、Facebook（五千五百名社團成員）和YouTube。Mild已經成為領先丹麥低過敏原產業的資訊專家，因此於二〇一七年推出產品時市場反應絕佳，當年的產品因為需求爆增而斷貨多達五次。

二〇二〇年春季Mild宣布，在丹麥估計有八成市佔率的全通路零售連鎖店Matas，已經以不公開金額收購公司四成的股份。此外，Mild近日也與挪威和德國的主要零售連鎖店建立了合作關係。

最後，三位創辦人成功實現了他們最初的目標：透過內容優先的方式成為全球首個獲得認證的低過敏原美妝品牌。

Miild在其內容創業模式之旅中做了許多正確的選擇。創辦人對低過敏原產品的專業知識，加上丹麥女性對環保、永續的化妝品以及使用建議的需求，讓他們在起步時就找到了很好的甜蜜點。然而這還不夠；將重點放在化妝品的科學原理和過敏反應，才是他們脫穎而出的關鍵（圖5.2）。

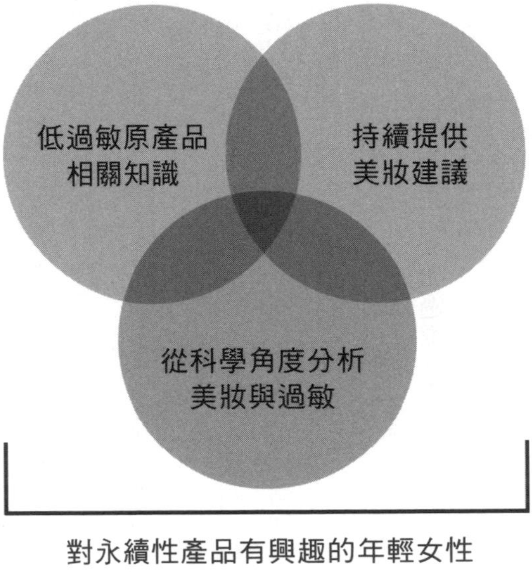

低過敏原產品相關知識

持續提供美妝建議

從科學角度分析美妝與過敏

對永續性產品有興趣的年輕女性

圖5.2 Miild轉換內容的方式是將重點放在從科學角度分析美妝與過敏反應。

你的內容全數消失會造成什麼影響？

假設有人把你創作的所有內容都集中在一起並藏進盒子，好像這些內容從未存在過，**會有人懷念你的內容嗎？你會因此在市場中留下一道缺口嗎？**

如果答案是否定的，**那麼休士頓，我們有麻煩了**。

我們的期望是客戶和潛在客戶會需要……不，是**渴求**我們所創作的內容，讓內容融入客戶的生活以及工作。

在今天的世界，越來越難用金錢換取關注，你必須爭取受眾的目光。從今天開始、到明天、到五年後，你要運用客戶眼中最具影響力的資訊，爭取他們的目光。為自己設定跨出舒適圈的目標，這麼做可以讓你的事業更上一層樓。

再次檢視你在第一章所設計的目標，如果你認為這些目標不怎麼困難，表示你的成果頂多只能得到A，但A這樣的成績沒辦法在爭取客戶目光的戰場上大獲全勝，你需要得到A+！

【參考資料】

《駭客任務》，華納兄弟娛樂公司，一九九九年三月上映。
彼得．提爾，《從0到1》，天下雜誌，二〇一四。
吉姆．柯林斯，《從A到A+》，遠流，二〇〇二。

Collins, Jim, Good to Great, HarperCollins Publishers, 2001.

Email interview with David Reardon by Joe Pulizzi, March 2015, and Clare McDermott, August 2020.

Gutelle, Sam, "YouTube Millionaires: Ann Reardon Knows How to Cook That," Tubefilter.com, accessed August 10, 2020, http://www.tubefilter.com/2015/01/22/ann-reardon-how-to-cook-that-youtube-millionaires/.

Interview with Jay Acunzo by Clare McDermott, January 2015 and August 2020.

Interview with Nicki Larsen by Joakim Ditlev, September 2020.

Thiel, Peter, Zero to One, Crown Business, 2014.

"Tilt: Definition," Dictionary.com, accessed April 19, 2015, http://dictionaryreference.com/browse/tilt.

第六章
轉換內容並加以測試的方法

我認為與眾不同，對抗社會規範，是世上最棒的事。

——伊利亞．伍德（Elijah Wood）*

有時候會難以找到轉換內容的方法，如果你正面臨這個問題，本章可以告訴你如何找到方法並測試成效如何。

▲如果你已經充分掌握這個概念，請直接跳至下一章。

* 美國知名男演員，曾演《魔戒電影三部曲》的主角佛羅多．巴金斯。

若想成功運用內容創業模式，你必須根據自身的內容定位，打造出領先業界資訊或娛樂消息的平台，不過這可不是簡單的差事。許多創業家對於想創作的內容都有完整的構思；只是他們忘了跨出最後一步，沒有確實做到與眾不同。

本章的重點就是告訴你如何完成這個步驟，你可以善用文中介紹的幾項策略及手法，順利發掘出轉換內容的方式。

運用亞馬遜公司的新聞稿模式

電商亞馬遜旗下慈善組織「微笑亞馬遜」（AmazonSmile）的總經理伊恩・麥卡利斯特（Ian McAllister）表示，亞馬遜的新產品要進入開發階段之前，執行長傑佛瑞・貝佐斯（Jeff Bezos）會要求內部交出完整的新聞稿，彷彿新產品已經生產完成且隨時可上市。

麥卡利斯特指出：「比起反覆調整產品本身，反覆修改新聞稿的成本更低（也更快速！）」這套方法是規劃內容創業策略的重要一環，也有助於我們發掘足以勝過競爭對手的優勢，也就是區別自身內容的關鍵因素。

亞曼達・麥克阿瑟（Amanda MacArthur）是Mequoda Daily*的總編輯，她曾仔細分析亞馬遜新聞稿模式的幾項要素。引用亞曼達的見解再融合內容行銷的觀點之後，便整理出以下轉換內容的方法：

- 主標題——用讀者可以理解的方式命名內容領域。
- 副標題——說明內容的市場是哪些對象，這些對象將獲得哪些益處。
- 摘要——提出內容以及其益處的摘要。
- 問題——說明內容可解決的問題。
- 解決方案——說明內容可以如何輕易的解決上述問題。
- 內部觀點——引用公司發言人的看法。
- 如何開始——說明內容十分平易近人、易於應用。
- 客戶觀點——引用假想客戶的看法，描述體驗後的效果。
- 結語和呼籲——提出結論並且建議讀者前往下一個目的地。

善用Google搜尋趨勢

Google搜尋趨勢是由Google所提供的免費工具，可呈現出全球或特定地區的搜尋結果和關鍵字模式。例如，當你在Google搜尋趨勢輸入「kitchen blender（食物調理機）」，會發現搜尋高峰落在每年十二月，正好是美國假期和送禮季節期間（圖6.1）。

* 譯註：專為發行人提供資訊的部落格，主題涵蓋電子郵件行銷、社群媒體、數位產品開發等等。

運用Google搜尋趨勢，你就可以發掘出缺少教學資源的熱門字詞。以下引用自《紐約時報》暢銷作家傑．貝爾（Jay Baer）的內容就是很好的例子：

> 這就像是：「我喜歡編織，所以我要開設一個關於編織的部落格。」你確定嗎？網路上還有其他二十七個談論編織的部落格，為什麼有人會想看你的文章？你和其他部落客有什麼不同嗎？你有什麼特別之處？又有什麼有趣之處？讀者有什麼理由要放棄已經追蹤三年的編織部落格，選擇讀你的部落格？如果你無法說明這一點，就得回去重新擬定計畫。我發現大多數人並沒有時常思考這一點，完全沒有詳細評估競爭優勢，這非常危險。

以這個主題而言，編織的範圍實在太大。是否有特定類型的編織還未受到關注，因此你有機會可以在全球搶先成為這類內容的提供者？

此時就是Google搜尋趨勢發揮作用的時刻了，我們在Google搜尋趨勢上搜尋knitting（編織）後，發現這個關鍵詞的整體搜尋次數（圖6.2）其實正在下滑（並非好現象）。

不過當我們更深入分析，卻挖到寶了。往下滑動頁

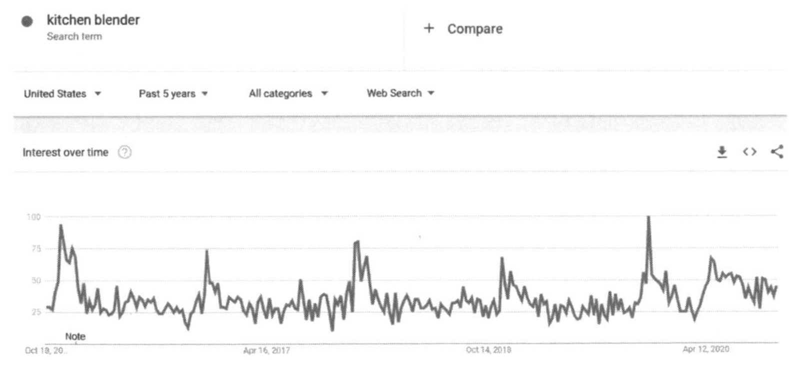

圖6.1「食物調理機」的Google搜尋次數，在過去五年間，每到美國假期季節就會上升。

面，就會看見圖6.3所呈現的「各個子區域網友感興趣的程度」區塊，而我們就是在這裡發現轉換內容的關鍵。從「相關搜尋」區塊下方，我們發現「雙結接線法」(magic knot knitting)相關資訊的搜尋次數增加了七成。如果仔細看「各個子區域網友感興趣的程度」區塊下方，就會發現編織在新英格蘭(New England)地區似乎很熱門。

讓我們再回到傑・貝爾舉的例子，與其只把重點放在一般的編織，資料建議我們把重點放在「以創新方式使用雙結接線法」(並以新英格蘭地區的消費者為目標)。

或者……提出Google無法回答的問題

德魯・戴維斯(Drew Davis)是Google搜尋趨勢的愛用者，而且常在他巡迴世界各地的主題演講中談到這項工具。儘管如此，他認為如果要找到轉換內容的方法，最佳做法是從Google無法回答的問題著手。「這個世界到處都是專家。」德魯指出：「要從這些專家之中脫穎而出，你需要從專家搖身一變成為有遠見的人，這表示要

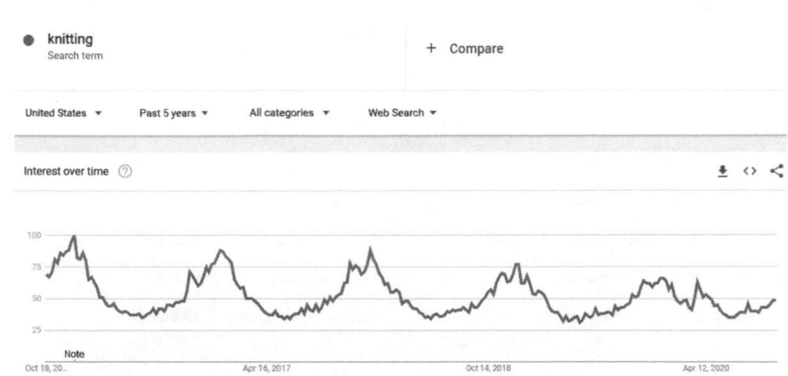

圖6.2「編織」的搜尋趨勢在過去五年持續向下，對一般的編織內容網站而言不是好消息。

挑戰傳統思維。我們要怎麼做到呢？提出Google無法回答的問題。」

德魯以「快速拼布女王」珍妮・都安（Jenny Doan）為例（第十三章會詳談珍妮的例子）。所有專家告訴珍妮，縫製一幅拼布需要耗時九個月。珍妮就只是問了一句：「為什麼縫一幅拼布需要九個月？」接著她推出YouTube節目，教觀眾如何在一天內製作出一幅拼布。珍妮每週四推出一集節目，有超過一半的YouTube訂閱者在新一集上線後幾乎是立即觀看每一集。

如果你發表的教學內容沒有挑戰傳統思維，就很難找到並擬定真正轉換內容的方法。

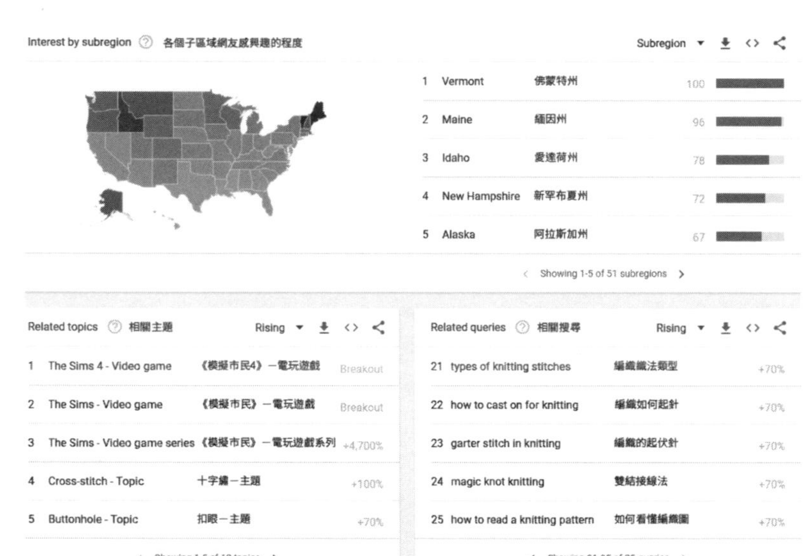

圖6.3「雙結接線法」（magic knot knitting）相關資訊的搜尋次數增加了七成，而佛蒙特州（Vermont）和緬因州（Maine）等地區對編織的興趣呈現上升趨勢。

運用UDEMY

布蘭登・萊蒙（Brendon Lemon）是急需穩定被動收入的喜劇演員，於是他決定在學習平台Udemy上推出多項課程，包括「如何開始從事單口喜劇表演」，以及「向喜劇演員學習業務開發」。現在布倫登擁有六門課程，不僅為他帶來收入來源，而且規模還不斷成長。順帶一提，布倫登在設計課程時完全沒有花錢，只花了時間。

布倫登之所以成功，有一部分原因是他在Udemy.com上找到了免費的搜尋工具，可以由此得知學生正在尋找的哪些課程：（一）在該搜尋分類下沒有大量課程，或是（二）在該搜尋分類下沒有優質課程。好消息是什麼呢？就算你沒有製作Udemy課程，也可以使用這個免費搜尋工具。

向潛在讀者求教

這個方法幾乎沒有門檻可言，以至於我很少視其為一種策略。從客戶或潛在讀者身上尋求建議看似簡單，卻少有人確實做到，實在可惜。

近期，我為一間全球大型製造商設計了一場工作坊；進入規劃內容宗旨這一環節時，我詢問在場的資深行銷專員，是否曾對客戶進行意見調查或訪談，並且由此找出內容漏洞或機會，訴說與眾不同、又是受眾需要的故事。很可惜的，每位專員都表示行銷團隊並沒有採用過意見調查，也沒有透過任何形式得知受眾的急迫問題、需求、或欲望。

現在你有機會在大企業不擅長之處佔盡優勢——向讀者討教。無論你是親自詢問潛在讀者（可能是你的親友），或是透過電子郵件發送問卷調查（運用Google表單等線上問卷工具），這些方式都應該納入你的常用策略之中，尤其當你還處於摸索內容定位的起步階段時，這一步更是重要。

在處理專案時，我需要一些內容行銷專業人士需求的資料點。於是我採用（Google表單的）單一問題問卷，並且公開在社群媒體上。不到二十四小時，我就收到超過兩百份回覆，其中包含一些非常令人驚喜的質性意見回應（請見圖6.4）。

另一種策略是在你的電子郵件中提問。在我的電子報中，幾乎每一期都會附上一個問題。讀者可以直接在電子郵件中回覆。九月有一期電子報收到了一百多則回應，價值無法計量！

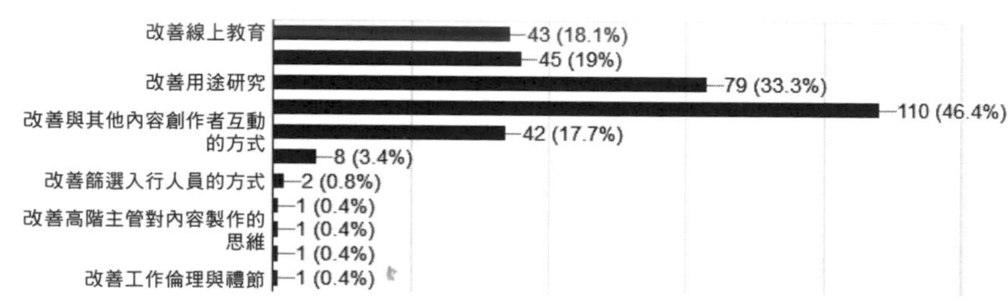

圖6.4 簡易的單一問題Google表單問卷在一天之內就蒐集到超過兩百份回覆。

建立情報站

我從二〇〇〇年二月開始踏入出版業，在當時我從恩師吉姆．麥達莫（Jim McDermott）身上學到，何謂訴說故事的高超技巧。吉姆時常強調「情報站」的重要性，所謂情報站就是盡可能從各式各樣的源頭，取得越多反饋越好，如此一來你才能釐清事實。

對於所有的編輯、撰稿人、記者、以及要說故事的人而言，建立情報站是極為重要的策略。以你的角度而言，情報站的重要性在於協助你尋找轉換內容的關鍵，並且確保轉換內容成為你脫穎而出的機會，而所有的創業家都需要情報站，才能發掘客戶真正的需求。下列是蒐集客戶反饋的各種方式——實際上也就是發揮情報站的功能。

1. **一對一訪談**。受眾人物誌領域的頂尖專家愛戴兒．里佛拉（Adele Revella）認為，面對面與客戶或受眾談話是無可取代的溝通方式。
2. **關鍵字搜尋**。運用Google搜尋趨勢、YouTube搜尋、Udemy和搜尋引擎關鍵字快訊這類工具，可以協助你追蹤客戶正在搜尋的內容以及瀏覽的網站。
3. **網站分析**。全心投入網站分析，找出你的讀者正在閱讀哪些內容（又對哪些內容不感興趣），這種做法是你能否成功的關鍵。

4. **社群媒體觀察**。無論是透過LinkedIn的社團或Twitter的主題標籤及關鍵字，都可以輕鬆辨認出客戶正在分享、談論的主題，也能了解客戶為生活和工作所苦的原因。

5. **客戶意見調查**。使用類似Google 表單（免費）的問卷工具可以輕鬆蒐集重要見解，例如客戶的資訊需求。

測試不同的轉換方式

「新視界創投」（NextView Ventures）的平台總監傑伊・阿昆佐每次在考量進入新的內容領域時，都會採用特定的方法進行測試。近期，除了從鎖定的內容領域蒐集數據之外，阿昆佐也會從資料庫內取出子集，並將測試版內容發送給不同的群體。接著他會衡量每個群體的總開信率（open rate）、總點擊率（click-through）、站內互動（on-site engagement）、以及取消訂閱率（unsubscribe rate）。整個測試過程為期六週，當測試結束後，阿昆佐就可以辨認出特定內容的子類別中，明確又極具吸引力的熱門主題。

遊戲理論（Game Theory）創辦人馬修・派翠克，也就是我們在第三章介紹過的人物，他的熱門YouTube頻道有超過四百萬名訂閱者，而馬修也是透過測試找到屬於自己的內容定位。根據馬修的說法：「我剛開始完全是像做實驗一樣利用這個平台。我會用A／B測試法做實驗，也會在YouTube的資訊欄或類似功能上進行小小的實驗。一段時間之後，我就完全了解使用者和這個平台的互動方式，我也很清楚YouTube以及驗算法如何先分類影片，再讓影片流通於整個系統。」

馬修從數據中得知大受歡迎的關鍵之後，便以此為基礎打造自己的創業模式，他的內容創業模式也因此迅速大獲成功。

重新調整內容領域

我在二〇〇七年四月推出部落格「內容行銷革新」（Content Marketing Revolution，也就是內容行銷機構的前身），即使六年來我斷斷續續提及「內容行銷」一詞，當時這個概念仍算是新穎的行銷術語。

那時候業界最流行的關鍵詞是「客製化出版」（Custom Publishing），然而與資深行銷專員訪談後，我確信這個詞彙無法引起他們的共鳴。不過此時內容行銷有機會異軍突起嗎？我們轉換內容的方式可以是重寫行銷界的流行術語嗎？

我利用Google搜尋趨勢進一步修正想法，並且分析數個意義相近的詞彙，以下是我研究業界主流關鍵詞（「客製化出版」）相關詞彙以及新興關鍵詞（「內容行銷」）的發現：

- **客製化出版**。如果這是一支上市股票，CMI絕對不會考慮購入，因為這個詞彙的搜尋次數逐年下降。此外，許多文章提及「客製化出版」時，指的並不是我們想像中的由品牌創作內容，而是客製化紙本書籍。這種概念混淆確實是個問題。

- **內容行銷（Content Marketing）**。這個詞彙的搜尋量在當時甚至低到無法透過Google搜尋趨勢呈現，於是我開始思考，如果可以創作出足量的正確內容，就能點燃以這個關鍵詞為主的運動。而其他詞彙如「品牌內容」（Branded Content）和「客製化內容」（Custom Content）的定義不夠明確，因此行銷產業極有可能需要一個新的關鍵詞，輔助業界重要的思想領袖闡述理念。此外，由於「內容行銷」的社群中尚未出現明確的領導者，CMI可以快速爭取到搜尋市占率。如圖6.5所示，這項策略的成果驚人。於是，蒐集受眾意見加上運用Google搜尋趨勢等免費工具，幫助CMI確立內容定位，也成功在這股更換關鍵詞的潮流中轉換內容。

HubSpot是行銷自動化企業，採用的策略是與

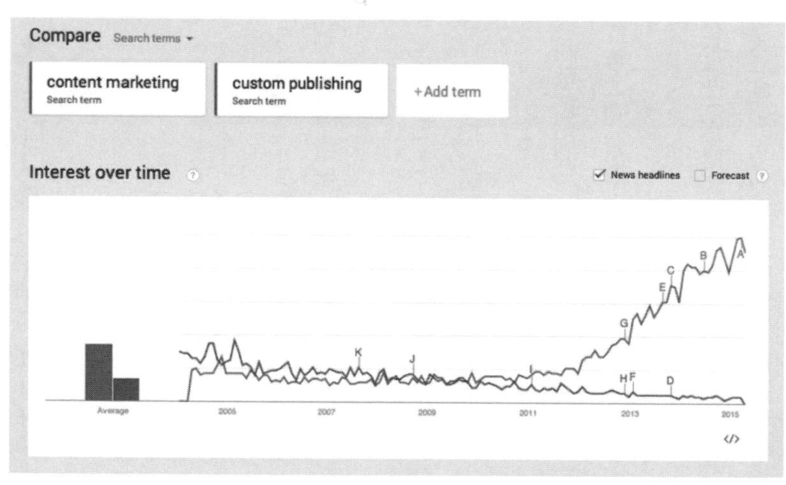

圖6.5「內容行銷」取代「客製化出版」成為產業關鍵詞。

上述相同的關鍵詞集客式行銷（Inbound Marketing）。二〇〇六年，HubSpot開始經營以集客式行銷為主題的部落格，之後也推出相關書籍《集客式行銷》（*Inbound Marketing*）、系列影片、還有以「Inbound」為名的活動。整個社群都以這個關鍵詞為中心聚集，同時還將HubSpot推上領導者的位置。目前HubSpot的市值已超過一百三十億美元。

轉換內容實例

一、以受眾為焦點

你鎖定的領域對於受眾而言是否真的夠小眾？「寵物飼主」這樣的目標受眾就太過廣泛，那麼「喜歡開休旅車帶著狗一起旅行並居住在佛州西南部的屋主」呢？為了讓你的故事確實發揮影響力，你需要把焦點放在非常特定的讀者。正如史蒂芬．金（Stephen King）在著作《史蒂芬．金談寫作》（*On Writing*）所說，每次創作時，你都應該想著這位讀者。

我在寫小說《赴死的意志》（*The Will to Die*）時，心裡想的受眾是我的妻子潘。每次我坐下來寫作，我都在思考她會覺得什麼樣的內容有吸引力。如果你能為特定的客戶而寫，那真是再好不過了。

暢銷作家安．漢德利（Ann Handley）將這項建議應用在她的電子報《安的完全無政府狀態》（*Total Annarchy*）上。安表示：「儘管我號稱的受眾是所有行銷人，但在任何特定的時間點，我真正的對話對象都是一位特定的行銷人。每次我編寫電子報時，都是想著某一位行銷人，或是我遇過的某個人、某次對話，而我就是在專門為那個對象編寫這期的電子報。」

不到三年，安的電子報讀者群已經超過四萬五千名讀者，且開信率超過四成。

我在《舊式行銷法》（This Old Marketing）Podcast的合作主持人羅伯特・羅斯（Robert Rose）曾說，根據受眾轉換內容「可以是在主題上非常專精，但針對一般廣大受眾，或者可以是涵蓋廣泛的主題，但針對非常特定的受眾。你可以用小眾主題面對廣大受眾，或是用廣泛主題面對一小群受眾。」

傑伊・阿昆佐認為這是很好的出發點：「最終，你最好可以在這兩方面都『小眾化』：非常專精的主題加上非常特定的受眾。不過在規劃階段，你可以選擇其中一個當作焦點，然後在創作、學習和反覆進行的過程中雕琢另一個。」

二、轉換平台

去年，我為暖器空調承包商舉辦了內容工作坊。在工作坊中，我發現每一家公司都在撰寫以能源效率為主題的部落格，但沒有人針對這個主題製作和發行Podcast。

成為平台上的先驅可以發揮強大的轉換內容效果，即使內容區隔並非全新或者已有目標受眾。舉辦業界首次的實體活動，就像我們舉辦「內容行銷世界」（Content Marketing World）或首次的Twitch直播活動（例如Twitch實況主拜倫・伯恩斯坦〔Reckful〕率先直播遊戲《魔獸世界》），都可以發揮影響力。

三、重新組合

亞當．奧特（Adam Alter）是兩度登上《紐約時報》暢銷書排行榜的作家，同時也是紐約大學史登商學院（Stern School of Business）的行銷學副教授。

在史考特．蓋洛威的 Podcast 節目《Prof G》中，奧特曾提到重新組合的概念，背後的理論是如今幾乎不可能找到獨創性。奧特在針對音樂家和其他藝術家的研究中指出，與創作藝術相關的所有構成基礎都已經發展完備。當今的創作者必須重新組合發展完備的元素，創造出新的東西。

當搖滾音樂首次問世，可以稱得上是全新的產物嗎？

在一九四〇年代末期，鄉村和藍調音樂非常流行。加入電吉他和穩定的鼓點，搖滾樂就誕生了！

重新組合需要將兩種成熟且獨立的概念結合在一起，並創造出新的東西。這可以是你轉換內容的方式。

例如，將一個知識領域（收藏品）與另一個領域（加密貨幣）結合在一起，就在近期的加密貨幣非同質化代幣（NFT）領域中實現了。

另一個例子是羅伯．勒拉修爾（Rob LeLacheur）的 Podcast《Top Cheddar》，內容結合了兩種不同的技能組合。勒拉修爾專門訪問退役後成功創業的前知名曲棍球選手，而對於對曲棍球和經營事業感興趣的聽眾來說，這個 Podcast 節目簡直是寶庫。

四、增添個人特色

喬．羅根（Joe Rogan）正在經營每日更新的Podcast節目，就像其他成千上萬的競爭者一樣。不過，喬在評論時不加修飾、記憶力無懈可擊而且個性幽默風趣，讓他得以脫穎而出。

麥爾坎．葛拉威爾（Malcolm Gladwell）探討的主題與很多人沒什麼兩樣，但葛拉威爾在分析人類行為方面的毅力無人能及。此外，葛拉威爾還為最新著作《解密陌生人》（*Talking with Strangers*）打造有聲書體驗。這本有聲書聽起來比較像是肥皂劇，並另外加入了數十位專家的評論。

賽斯．高汀（Seth Godin）專門寫以行銷為主題的書，其他數以千計的作家也寫行銷專書。但還有其他人能以賽斯淺顯易懂的口吻來探討這個主題嗎？應該沒有。

案例分析：大衛．波提諾（DAVID PORTNOY）

大衛．波提諾於二〇〇三年離開美國企業界，並創立雜誌《高腳椅運動誌》（*Barstool Sports*），主題集中在遊戲《夢幻球隊》（Fantasy Sports）、博奕預測、體育文化和免費模特兒圖。波提諾本人將這些內容形容為體育情色作品。為了提高流通率，大衛會親自前往地鐵站和街角發送雜誌給波士頓市民。

儘管初期表現不太起眼，波提諾極為精準地落實內容創業模式，後來還二度出售「高腳椅運動」的股份（分別在二〇一六年和二〇二〇年），第二次出售的股票估值高達四億五千萬美元。

然而，當疫情迫使所有運動賽事在二〇二〇年三月中旬停擺，網站變得難以產出內容。

進軍股市：波提諾開始在網路上直播他每天的股票交易活動，吸引了數百萬名從體育迷變為當沖交易者的觀眾。波提諾經常譴責像巴菲特這樣的大型投資人，並提倡將股票視為「賭注」。他把股市當作博奕，他和粉絲都認為兩者沒什麼不一樣，而他們的想法也許沒錯。

彭博社（Bloomberg）等眾多其他媒體網站將波提諾譽為「羅賓漢行情」的幕後推手，指的是Z世代和千禧世代散戶透過交易網站Robinhood，促使一籃子股票爆炸性成長。

一些值得思考的要點如下：

- 波提諾積極反對體制，完全符合二十至三十歲反體制受眾的需求。
- 他毫不造作、直來直往，一點也不在乎他人的想法。
- 他每天產出內容，隨時上線並始終如一地為受眾提供內容。
- 他獨一無二，提供了與其他網站不同的討論和建議，因此脫穎而出。波提諾轉換內容的規模堪比內布拉斯加州。

波提諾為特定的一群人設計了特定的訊息，並持續不斷地傳達。這也難怪他在很短的時間內就培養出數百萬名受眾。

Benu最初是奧地利的一家服務公司，專門協助消費者尋找殯儀館。該公司長期發行成效斐然的可訂閱電子報，訂閱人數多達五千人。讀者會收到關於面對悲傷情緒、喪禮傳統和喪禮構想的資訊。

這些議題通常會觸犯敏感領域，那麼解決方案呢？Benu持續透過小型樣本群體來確認特定的貼文是否越線。

除了有非常具體的甜蜜點，該公司轉換內容的方式還包括運用黑色幽默，大多數受眾都很欣賞這一點。

Benu的做法大受歡迎，以至於現在公司業務不僅限於將潛在客戶轉介給殯儀館，而是直接經手安排葬禮事宜。

努力不懈

我要分享一段寶貴的經驗，並引用廣播節目《美國生活》（*This American Life*）主持人暨製作人艾拉・格拉斯（Ira Glass）的一段話作為本章的結尾。格拉斯曾說：

> 設下期限以督促自己每週完成一件事。唯有大量工作才能彌補不足之處，你的成就也才

會如志向般不凡。我花了比身邊任何人都還要長的時間，才達到今天的目標。這段過程需要時間，長時間努力是再正常不過的事，繼續奮鬥就對了。

若想成功的轉換內容，你該做的就只是著手開始、持續努力、接著尋求機會。傑夫．布拉斯(Jeff Bullas)是澳洲最當紅的社群媒體策略專家，最初他的內容平台主題是名人新聞，他第一篇文章的主角是珍妮佛．安妮斯頓(Jennifer Aniston)。持續發表文章數個月之後，傑夫發現了自己的優勢，因此他必須努力轉換內容。

相同的情況也發生在傑．貝爾(Jay Baer)身上，最初他的部落格主題是電子郵件行銷，在一次訪談中傑提到：

> 沒多久我就發現一個問題，每次我以電子郵件行銷為主題發表文章，只會有一百五十人次來到網站，但是當我以社群媒體為主題時，網站造訪人次大約會達到一千人。這個現象持續一段時間後，我開始想……雖然我沒學過統計學，但我的確觀察到其中的趨勢了。
>
> 我決定開始寫作有關社群媒體的文章，直到市場無法接受為止，於是我把所有時間都花費在創作這類內容。以前我曾經做過不少社群媒體顧問的工作，所以我想，如果市場上有這麼多這類資訊的需求，社群媒體應該會是業界的熱門焦點，而事實上也是如此。

如果傑沒有親自嘗試創作內容，絕對不會發現這股趨勢。當然，你可以(像傑一樣)盡可能的嘗試轉換內容，並且開始架設屬於自己的平台，也許不久後你就會發現，有特定的內容創業模式定位，可以幫助你一舉成功。

【參考資料】

Acunzo, Jay, "Playing Favorites," accessed on October 12, 2020, https://mailchi.mp/mshowrunners/what-makes-content-irresistible-4728206?e=a6f02685ef.

"Barstool Biographies"" Barstool Sports, accessed October 12, 2020, https://www. .barstoolsports.com/blog/746282/barstool-biographies-becoming-el-pres-pt-2.

"Barstool Sports Is Leading an Army of Day Traders," Bloomberg, accessed October 12, 2020, https://www.bloomberg.com/news/articles/2020-06-12/barstool-sports-dave-portnoy-is-leading-an-army-of-day-traders.

"Brendon Lemon: Professional Stand-Up Comedian and Sales Director," Udemy, https://www.udemy.com/user/brendon-lemon/.

"A Casino Company Is Buying Barstool Sports for 8450 million," Recode, accessed October 12,2020,https://www.vox.com/recode/2020/1/29/21113130/barstool-sports-penn-national-deal-dave-portnoy-chernin.

"Creating Online Courses with Brendon Lemon," The James Altucher Show, August 29, 2020.

Gladwell, Malcolm, Talking with Strangers, Little, Brown & Company, 2019.

Interview with Cristoph Schlarb by Joakim Ditlev, September 2020.

Interview with Rob LeLacheur by Joe Pulizzi, September 2020.

Interviews by Clare McDermott:

Jay Acunzo, January 2015 and August 2020.

Jay Baer, January 2015.

Ann Handley, August 2020.

MacArthur, Amanda, "An Inspirational Press Release Template from Amazon,' Mequoda.com, http://www.mequoda.com/articles/audience-development/ an-inspirational-press-release-template-from-amazon/.

Revella, Adele, Buyer Personas, John Wiley & Sons, 2015.

Slush, "Twitch's First Big Streamer—the History of Reckful," accessed October 1, 2020, https://www.youtube.com/watch?v=vnavU4bk7Vc.

This American Life, produced by Ira Glass, WBEZ, 2014, http://www.thisamerican life.org/

Wheatland, Todd, "The Pivot: 4 Million People Glad Bullas Went Back to Tech, ContentMarketingInstitute.com, accessed September 2, 2020, http://contentmarketinginstitute.com/2015/01/the-pivot-jeff-bullas/.

第七章
確立內容宗旨

太陽底下沒有新鮮事……
只能找到新的方法說故事。

——亨利・溫克勒（Henry Winkler）*

現在是時候正式確立整套流程了，讓我們根據甜蜜點和轉換內容的方式，設計出內容宗旨。

▲如果你已經充分掌握這個概念，請直接跳至下一章。

* 美國演員、導演、製片人。

除了根本的商業模式（創造收益的方式）之外，媒體公司和非媒體公司在內容規劃上還有一項明顯的差異，就是編輯宗旨。

媒體公司的整體策略始於確立一套編輯宗旨，作為創作內容時的標準指南，宗旨同時也像是引導整體事業發展的燈塔。在職業生涯中，我已經推出超過三十項媒體產品，包括雜誌、電子報、活動，還有網路研討會計畫。每次有推出產品的計畫時，頭幾天的工作就是構思及微調編輯宗旨，因為這正是確立成功策略的第一步。

當今大多數的企業都有機會成為發行人，其中較聰明的企業會採用最基本的策略，也就是媒體公司長年來用於培養受眾的有效方法。

內容宗旨

所謂「宗旨」就是一間企業存在的理由，也是這個組織推展特定目標的原因。舉例來說，巴塔哥尼亞（Patagonia）的宗旨是打造出最出色的產品、避免不必要的環境傷害，並且透過事業發想和實行環境危機的解決方案；特斯拉（Tesla）的宗旨則是加速世界的永續能源轉型；TED的宗旨則是傳播各種理念。

以內容創業模式而言，內容宗旨就是你存在的意義，是你為什麼要創業的原因。

幾乎在每一場專題演講，我都會說明內容行銷的宗旨，因為先明確定義培養受眾，以及經由（或因為）受眾產生收益，是非常重要的步驟。無論身在小型或大型企業，行銷從業人員都會異常執著於特定的管道，如部落格、Facebook或TikTok，導致他們完全不知道當初選擇運用這些管道的根本原因。你必須先了解「為何」，才能決定要做「什麼」。

轉換內容的方式必須具備與受眾溝通的效果，畢竟樹立自己的品牌，並且告訴受眾你為何存在，是個非常大膽的舉動。

內容宗旨的三個組成要素為：

- 受眾可以從中獲得什麼？
- 你要提供什麼給受眾？
- 誰是你的特定目標受眾？

「運行媒體」（Orbit Media）的克雷斯托迪納（Andy Crestodina）把這個過程稱為 XYZ法：「我們公司可以讓〔受眾X〕找到〔內容Y〕並獲得〔益處Z〕。」

在傳統媒體公司之中，我最欣賞的企業宗旨來自《企業》（*Inc.*）雜誌，你可以在「關於我們」的網頁上了解這間雜誌社的宗旨：

> 歡迎來到Inc.com，這個平台可為創業家與企業主提供實用的資訊、建議、觀點、資源、以及靈感，是經營與拓展事業的得力助手。

《企業》雜誌的宗旨完整涵蓋以下三點：

- 特定目標受眾：「創業家與企業主」。
- 提供予受眾的資料素材：「實用的資訊、建議、觀點、資源以及靈感」。
- 受眾從中獲得的益處：「經營與拓展事業」。

《企業》的宗旨出乎意料的簡單，而且沒有任何令人誤解的文字。簡潔有力就是內容行銷宗旨的關鍵。

請特別注意，在《企業》雜誌的宗旨中，完全沒有提到公司的營利方式，但這一點卻是大多數新創公司在創作內容時最容易犯的錯誤：介紹自家產品。

《企業》主編奧梅利亞努克（Scott Omelianuk）認為，確保《企業》的目標以受眾為重點是一大關鍵：「我們探討的是怎麼活過每一天，以及如何以沒那麼學術或更總觀全局的角度去實踐。我們溝通的對象是那些說他們已經訂閱《企業》長達四十年，而且現在就是他們最需要這本雜誌的時刻。我們要談的是在今天活下去，而不是長期生存策略，我認為我們是在與企業家並肩作戰。」

內容宗旨的重點就在於受眾，以及讓你的團隊專注於比賺錢更重要的事（賺錢當然重要，但絕對是次要目標）。在受眾真的變成你的受眾之前，你無法從中獲利。

案例分析：數位攝影學院（DIGITAL PHOTOGRAPHY SCHOOL）

達倫．勞斯（Darren Rowse）成功打造出兩套出色的內容創業模式，首先是專門發表小型事業相關文章的「ProBlogger」，第二套則是攝影初學者必讀的入門網站「數位攝影學院」，初學者可以從中學習如何讓自己的攝影技巧發揮最大效益。

不過，達倫的事業並不是以這種模式起步。達倫如此解釋：

在經營ProBlogger之前，我架設了一個評價相機優劣的部落格，這是我第一次經營商業性質的部落格，甚至以全職工作的心態投入，不過經營這個部落格實在不怎麼有成就感。我的讀者只會在某一天為了研究一款相機來到部落格，從此之後就消失不再來訪。所以我一直不滿於這種現象，我認為自己並沒有打造出一個真正的社群，而這才是真正能讓我有成就感的關鍵，我向來都希望自己的部落格能夠盡可能的長時間幫助讀者。

經過這次不太成功的實驗，達倫再次投入經營攝影部落格，不過這次他決定轉換內容。達倫開始專注於培養特定的受眾後，「恍然大悟」的瞬間也隨之而來。

「我想，這一路上我沒辦法解答的疑問之一，大概就是該專注在什麼焦點上。」達倫如此表示並且回顧自己的經驗：

最剛開始，我的目標受眾是初學者，所以創作的內容都非常基礎，接著我開始猶豫，是否應該將內容拓展到中級程度，不過頭兩年我還是繼續創作初學者適用的文章，非常穩紮穩打的培養受眾，直到我的受眾開始成長，可以吸收更高程度的內容。所以我並沒有過早拓展專業領域，事後看來，這是正確決定。

這項決定最終帶來亮眼的成果，達倫的電子郵件和社群受眾總計成長至超過一百萬人。

現在讓我們仔細研究「數位攝影學院」最初的內容宗旨：

> 歡迎來到「數位攝影學院」——網站上提供各種簡易的訣竅，可以協助數位相機使用者發揮相機的最佳效能。

接著我們要解構分析這段宗旨：

- 核心目標受眾：「數位相機使用者」。
- 提供予受眾的資料素材：「簡易的訣竅」。
- 受眾從中獲得的益處：「協助數位相機者發揮相機的最佳效能」。

達倫更進一步闡述自己的網站宗旨：

> 從各種角度而言，這間「學院」都不是正式的機構。網站上並沒有課程、沒有教師、也

沒有考試——這裡只是一個學習環境，而我透過這個網站分享我所知道的技巧，大家也可以在「論壇」區交流自己的學習成果，例如展示自己的相片、提出或解答彼此的問題等等。此外，有別於大部分的學習機構，網站上的資訊全數免費。

從此以後，網站規模不斷擴大，現在旗下的團隊有來自世界各地的成員，為超過兩百萬人的社群編寫攝影祕訣。

初、中階攝影愛好者會定期造訪達倫的網站並不令人意外，達倫轉換內容的關鍵是獨具慧眼，且成功將焦點放在攝影初學者這群受眾，長期提供讀者能夠立即應用的實用訣竅。達倫因此正式告別評價相機優劣的日子。

案例分析：SECTIONHIKER.COM

菲利普．沃納（Philip Werner）在波士頓的軟體新創公司擔任產品經理超過二十年，他的專業領域是開放原始碼軟體，並在上司的要求下研究過當紅的部落格軟體WordPress，並以此為基礎架設網站。說到底，正是因為他具備這樣的部落格經營能力，SectionHiker.com才得以問世。菲利普如此解釋：「我當時打算重新開始背包旅行，在這之前我已經有十年沒這麼做了。當時我正在佛蒙特州的長步道（Long Trail）健行，然後決定寫部落格來記錄這趟旅行。」

菲利普開始經營部落格，並結合二十年的行銷和產品管理經驗以及健行和背包旅行體驗。

不久之後，他每週發表五篇文章。起初菲利普的受眾主要是超輕量背包客，屬於非常小眾的市場。（從小規模且小範圍的受眾著手絕對有助於成功。）隨著菲利普變得更加知名，而且越來越多人開始關注他的部落格，菲利普決定調整受眾和內容：「我決定不再限定於只分享自己的經驗，而是要提供更多針對健行和背包旅行新手的教學內容。另外，我還有明顯的區域性賣點，因為我主要是選在新罕布夏州（New Hampshire）健行，所以整個新英格蘭地區都是我的受眾。」

菲利普的受眾調整決策很有效；在二〇一八、二〇一九和二〇二〇年，AdventureJunkies.com將SectionHiker.com評為網路上最優質的健行與背包旅行部落格。

菲利普的內容宗旨就是他成功的關鍵，內容如下：

SectionHiker.com是專為新英格蘭地區一帶的健行與背包旅行新手（受眾）設計的網站，其中詳細的教學資訊（內容）可以協助讀者獲得一貫安全又愉快的健行體驗（益處）。

想要，而非需要

我觀察到越來越多優秀的內容創業模式計畫，其成功的關鍵是鎖定受眾想要什麼而不是需要什麼。許久以前，我就一直後悔建議行銷人員「專注於客戶急需解決的問題」，畢竟專注於急迫的問題只能幫助你踏出第一步。

若想要直指客戶的核心需求，你必須鎖定客戶的目標，並且協助他們抵達心中真正的目的地。

名稱背後的意義？

二〇〇八年，我曾參與一場美國商業媒體（American Business Media）執行會議，聆聽彼得・霍伊特（Peter Hoyt）的演講。彼得是家族媒體企業霍伊特出版公司（Hoyt Publishing）的執行長，他表示，霍伊特出版這個名稱限制了公司的諸多機會，因此將公司重新命名為「商店行銷學院」（後又改名為「消費關鍵學院」）。

改變成真後，霍伊特的公司營收迅速飆高。霍伊特表示：「公司確實變得炙手可熱，而且發展到超乎我預期的地步。公司帶來的新營收與獲利高達數百萬美元，我們的淨利潤在兩年內從百分之七成長到百分之十九，而我們也持續重新投資，以對整個產業有更多貢獻。」

霍伊特的經驗正是我將公司改名為「內容行銷機構」的原因，儘管這個名稱一點也不亮眼，卻讓我們成為眾人腦中第一個浮現的行銷專家。同時，我們也不需要浪費時間告訴大眾我們的專業為何——只需看公司名稱就可以立即了解。

這則故事的寓意是什麼？有時候選擇無趣卻可以清楚展現專業的公司名稱，勝過必須額外行銷才能讓大眾認識真正內容宗旨的品牌。數位攝影學院和SectionHiker.com都是遵循這套模式，而事實證明效果絕佳。

與其把重點放在「省錢」與「降低支出」，不如把標準提高，專注於「給予客戶更多時間過著理想中的生活」，或是「成為改變世界的人物」。

「視覺化價值」(Visualize Value)的創辦人傑克・布徹(Jack Butcher)就是用上述的思維來設計他的內容宗旨：「協助有雄心壯志的人管理心理健康，以及打造獨立收入。」專為創業家提供的資源居然把重點放在心理健康？這才叫做轉換內容！

這也許聽起來像陳腔濫調，卻十分重要。若想在巨量的資訊來源中殺出重圍，就必須讓受眾相信你的內容可以「改變人生」。

就如彼得・提爾一再宣揚的理念：忘掉所謂創作內容後向受眾推廣的競爭規則，你的目標不僅只於此；取而代之，要讓你的創作成為客戶最想閱讀的內容。唯有對這種目標的真切渴望，才能讓你具有遠見的著手計畫並組織合作，實現真正的改變。

> 我家廚房的牆上貼著家訓，不僅是我經常以這段文字要求自己，現年十七歲與十九歲的兒子也會這麼做。
>
> 這則家訓就是我們家的理想目標，是我們今天和未來要努力達到的境界。我認為這則家的宗旨正是我們成功經營幸福家庭的關鍵。
>
> 完整的家訓如下：

普立茲家訓

身為普立茲家的成員，我們所有的目標與行動都將以下列原則為依歸：

感謝上帝每日賜予的祝福，即使在面臨挑戰或困難的日子也堅定不移。

與彼此分享自己所擁有的一切，並且在任何人有需要時伸出援手。

不吝於稱讚彼此，因為我們都是受上帝眷顧並賦予獨特才能的個人。

一定要有始有終，即使感到恐懼也要盡力嘗試，並且全心投入當下的活動。

精簡版：

感謝上帝、不吝分享、口說好話、全力以赴。

每當孩子們對於自己是否該採取行動而感到困惑時，我和內人就會用家訓開導他們。你知道最棒的一點是什麼嗎？客人來訪時，會立刻注意到我們的家訓，也幾乎總會對此發表自己的看法。正是像這般的小事，才能創造改變。

【參考資料】

《騎士風雲錄》，哥倫比亞電影公司，二〇〇一年五月上映。

Cox, Lindsay Kolovich, "17 Truly Inspiring Company Vision and Mission Statement Examples," accessed October 12, 2020, https://blog.hubspot.com/marketing/ inspiring-company-mission-statements.

Griffin, Marie, "The Idea That Transformed Hoyt Publishing," AdAge.com, accessed April 19, 2015, http://adage.com/article/btob/idea-transformed-hoyt-publishing/273350/.

"Henry Winkler," The Nerdist Podcast, December 15, 2014.

Interviews by Clare McDermott:

Darren Rowse, January 2015.

Philip Werner, August 2020.

Welton, Caysey, "For Inc., It's Not About Platform or Product, It's About Purpose," accessed on October 12, 2020, https://www.foliomag.com/inc-platform-product-purpose/.

第四部　穩固基礎

建築的珍貴之處不在於美感；
穩固的基礎工法才經得起時間考驗。
——————————大衛・艾倫・柯（David Allan Coe）*

確認甜蜜點並鎖定轉換內容的方向後，就是開始努力耕耘的時刻了。

第八章
把一件事……做到好

> 一次專注於一件事的人，才是世界進步的動力。
>
> ——蓋瑞．凱勒．（Gary Keller）**

極具代表性的媒體品牌在發展初期都是先採用單一主要平台，內容創業模式就是由從此踏出第一步。

▲如果你已經充分掌握這個概念，請直接跳至下一章。

---

* 註：著名美國鄉村歌手與作曲家。

** 美國企業家，著有《成功，從聚焦一件事開始》（*The One Thing: The Surprisingly Simple Truth Behind Extraordinary Results*）。

麥當勞（McDonald）兄弟在一九四〇年開始經營麥當勞餐廳時，店裡有販售各種食物，從燒烤到柳橙汁都應有盡有。在接下來的七年間，兄弟倆卻難以找到長期成功經營的策略。

在一九四八年，他們分析資料後發現，麥當勞百分之八十七的銷售額（以及大部分的利潤）來自漢堡、薯條和軟性飲料。於是，他們決定閉店三個月重新裝修廚房，並以全新且簡化過的菜單再次開業。

麥當勞的生意一飛沖天，兄弟倆在一九五三年開始授權加盟這套經營模式。如今，麥當勞在一百個國家設有四萬家分店，市值超過一千五百億美元。

如果你已經順利完成前幾章的步驟，那麼恭喜你；儘管難以相信，不過構思內容創業模式背後的策略，其實是最困難的階段。任何人不論身在何處、是否握有資源，都可以架設部落格、推出Podcast、YouTube系列影片或TikTok頻道，然而培養忠誠且信任你的受眾卻需要做足研究加上深思熟慮，畢竟受眾才是最終驅動整個商業模式的動力來源。

如何開始？

麥克・海亞特（Michael Hyatt）在著作《平台》（*Platform*）及同名部落格中指出，所有的想法和故事都必須依附著平台生存，如此一來你才有機會成功。根據麥克的說法：「沒有平台——沒有一個讓受眾看見、聽見你的工具——你根本就沒有成功的機會。有令人驚豔的產品、出色的服務、或是吸引人的遠大目標，已經不足以保證成功。」

下列這些極具代表性的媒體企業，在打造專屬平台時都選擇了單一主要管道：

- 《金融時報》（*Financial Times*）——報紙
- 《財星》（*Fortune*）——紙本雜誌
- TED演講——現場活動
- ESPN——有線電視節目製播
- 《哈芬登郵報》（*Huffington Post*）——線上雜誌
- 《喬．羅根體驗》（*The Joe Rogan Experience*）——Podcast節目
- PewDiePie——YouTube系列

由以上的例子可見，打造專屬平台時你必須做出兩個決定：如何以及在哪裡？

一、你會用什麼方式說故事？你的核心內容屬於哪一種類別？
二、你會在什麼地方說故事？你打算選擇什麼管道傳播內容？

如果加上先前討論過的內容宗旨，每一個內容創業模式範例都具備四大屬性：

一、單一關鍵目標受眾
二、單一宗旨（轉換內容）
三、單一主要內容類別（音訊、影片、文字／圖片）
四、單一核心平台（部落格／網站、YouTube、Instagram等）

大多數企業開始創作內容之後，就會以各種可行的形式將內容到處張貼。這些企業會製作Facebook貼文、部落格、Podcast、影片等等，然後希望其中一種會引起迴響，結果通常都沒什麼效果。

「如何煮出那道菜」（How to Cook That）創辦人安．里爾頓決定穩定創作影片，並且在YouTube上傳播。

「SectionHiker.com」創辦人菲利普．沃納每天都會創作圖文並茂的部落格貼文，並發布在以WordPress開發的網站。

「轉角遇見魏斯．安德森」的創作者瓦利．柯沃則是每天都在Instagram上發布一張圖片。

喜劇演員金．凱瑞（Jim Carrey）曾經談及長時間持續做同一件事的重要性，並將其形容為「琢磨利刃」。剛開始創作時，你不可能完全掌握到正確的概念。長時間練習會讓你觀察到哪些「利刃」不管用，最終你才能創作出真正有價值的內容資產。

圖8.1　成功基礎的要素包括單一目標受眾、效果顯著的轉換內容方法、單一內容類別以及單一自選平台。

博而不精

在過去一年間，我觀察到以下的情況：

- 有一家小型企業才剛開始製作新的Podcast節目，僅一個月後便決定推出系列影片。
- 有一家科技新創公司認為自己需要活躍在Twitter、Linkedin、Facebook、Snapchat和TikTok等平台，於是將資源分散在各個平台上，卻一無所獲。
- 有一家電子郵件行銷公司推出包含十五部短片、紀錄片和音訊節目的「網路」，而且是同時上線。

我們總是想要更多，我們認為越多越好。然而，以推出新內容而言，「樣樣皆通，樣樣不精」向來都是無效的策略。亞馬遜是如何成為全球最有價值的公司呢？長達三年的時間，亞馬遜只販賣書籍。這套模式發展成熟之後，亞馬遜才開始銷售其他產品。內容創業模式也是相同的道理。

前文提到的內容創業模式計畫之所以有效，是因為這些創業家都是從單一管道開始著手，也許是出色的電子報、出色的系列影片、出色的現場活動，或出色的部落格，而不是一百種毫無規劃的內容片段，無法啟發任何行為改變。

專注就是關鍵；真正精通一件事就是關鍵。問題在於，你必須先做出選擇；你必須先停止處理所有枝微末節的事，專注於真正重要的事，真正能推動變革的事。

案例分析：《喬・羅根體驗》（*The Joe Rogan Experience*）

跟隨霍華德・史登（Howard Stern）的腳步，喬・羅根從地上廣播開始，跨足數位廣播SiriusXM、喜劇演員、演員和《恐懼因子》（*Fear Factor*）主持人，並於二〇二〇年與Spotify達成價值一億美元的獨家協議。

喬・羅根從二〇〇九年開始製作Podcast節目《喬・羅根體驗》，當時Podcast還處與發展初期，節目最早是在Ustreamtv上發行。羅根表示：「我們剛開始只能在筆電前面做節目，然後從Twitter接受觀眾提問。」

最終，羅根落腳在iTunes（現為Apple Podcasts），每週推出一集節目，後來進步到每週兩集。到了二〇一一年，羅根的Podcast已經是全球最熱門的Podcast節目之一。

羅根確保有忠實受眾之後，開始多元發展，首先與SiriusXM簽署節目授權協議，接著在二〇一三年透過YouTube發行節目。目前為止，《喬・羅根體驗》已製作超過一千五百集，每月下載次數超過兩億。

羅根成功的關鍵是什麼？他從單一內容類別（音訊）著手，只經營一個主要管道（先是Ustream，接著是iTunes）。成功之後，他才開始提供多元的內容，而且現在已經有史以來獲利最豐的內容創業實例之一。

六大原則

本書提到的內容創業模式實例都符合以下的六大原則，任何知名的國際媒體企業也都遵循這些原則：

1. **滿足需求／欲望**。你的內容必須為受眾解決特定且未解的需求或問題。
2. **堅持不懈**。成功發行人的最大共通點就是毅力。無論是推出Instagram頻道或是每日電子報，你的內容都必須如讀者所預期的準時公開。難以計數的內容創業策略就是敗在這一點。
3. **保持人性化**。找出自己的風格之後試著感染受眾。如果公司的故事以幽默為賣點，就讓受眾感受到幽默；而如果故事偏向諷刺風格，也是不錯的策略。
4. **獨具觀點**。你的內容不該像是百科全書，你也並不是在寫歷史報告；當你有機會讓自己及公司成為業界專家，千萬不要吝於發表自己的看法。馬可斯．謝里登和「河流泳池裝設公司」之所以成功，就是因為馬可斯在內容中展現出感情與率直，令受眾激賞不已。
5. **避免「推銷字眼」**。有時候出於商業考量這是必要作法，但你越常用內容自我推銷，注意或重視內容的受眾就會越少。
6. **出類拔萃**。儘管創業初期可能不容易有如此成果，但你的終極目標就是推出業界最優質的內容。這表示你的內容在市場定位中，正是受眾所能找到且可利用的最佳資源。唯有提供價值非凡的內容，你才能期待讀者願意花時間閱讀。

在前文討論過的內容創業模式案例分析中，都可以觀察到以上六項原則。而你在打造內容創業模式的過程中，請務必記得這些重要原則。

【參考資料】

Ernst, Erik, "Joe Rogan Talks About Creating His Top-Ranked Podcast," accessed October 12, 2020, https://web.archive.org/web/20110909180530/http://www.jsonline.com/blogs/entertainment/127610833.html.

The Founder, Weinstein Company, released 2016.

Hyatt, Michael. Platform, http://michaelhyatt.com/platform.

„Jim Carrey, " WTF with Marc Maron, Episode 1150, July 16, 2020.

Koetsier, John, „Joe Rogan Takes $100 Million to Move Podcast to Spotify, " accessed October 12, 2020, https://www.forbes.com/sites/johnkoetsier/2020/05/19/ joe-rogan-moves-podcast-with-286-million-fans-to-spotify-drops-apple-you-tube-other-platforms/#25ac4a42a238.

第九章
選擇平台

訂閱制企業的成長速度是標普五百企業的九倍以上，為什麼？因為和產品導向企業不同的是，訂閱制企業瞭解自己的客戶。滿意的訂閱者群就是最終極的經濟護城河。

——《訂閱經濟》（*SUBSCRIBED*）作者左軒霆（TIEN TZUO）

千萬不要試圖一次跨足多個平台。關鍵在於保持專注，並於單一平台精進自己的專業，接著才能多元發展。

▲如果你已經充分掌握這個概念，請直接跳至下一章。

內容類別

根據CMI／行銷專家（Marketing Profs）的研究，企業最偏好使用的內容類別如下：

- 社群媒體內容
- 影片
- 部落格貼文或文章
- 電子報
- 現場活動
- 網路研討會／線上活動
- 白皮書／電子書
- 紙本雜誌
- Podcast

這表示大多數企業都在各式各樣的平台上產出各種類別的大量內容，有時甚至是同時大量產出。簡而言之，我們需要更加專注。

其大部分成功的內容創業模式經驗都是屬於以下內容類別：

- **文章、部落格或以內容為主的網站**。我們成立CMI時，培養受眾的主要平台就是部落格。經營初期是每週更新三次，而目前則是每日更新。
- **電子報**。在前文的一個例子中，安．漢德利的電子報《安的完全無政府狀態》（*Total Annarchy*）每兩個月發行一次，主題是改善寫作能力，數年內就累積超過四萬五千名訂閱者。
- **影片**。以大多數的例子而言，這指的是定期更新的YouTube系列影片，每週至少發布一集節目，或者也有可能是定期進行的Twitch直播實況。
- **音訊Podcast**。納森尼爾．惠特摩爾（Nathaniel Whittemore）的Podcast節目以總體經濟學和比特幣為主題，每天晚間更新。目前他的節目是業界最熱門的加密貨幣Podcast。
- **Instagram**。奎茵．坦普斯特（Quinn Tempest）透過每日發布Instagram貼文，創立屬於自己的事業「建立願景」（Create Your Purpose）。
- **Facebook**。來自丹麥的梅特．洛夫邦（Mette Lovbom）幾乎只靠著Facebook就創立了品牌「雞肉沙拉」（SalatTosen）。過去五年間，她累積了超過十萬名粉絲，並推出以一系列沙拉為主的出色產品。

企業運用內容創業策略成功吸引大量且足夠的受眾之後，會開始利用更加多元的管道傳播內容。在初期，一定要先將重心放在創作出色且實用的內容，並且盡可能用單一管道傳播。

反覆試驗

在二〇二〇年全球疫情爆發初期，行銷作家、講者及企業家約瑟夫・賈菲（Joseph Jaffe）推出新冠頻道（CoronaTV），這是可以與多個領域的專家進行互動的直播節目，主題環繞在他們如何面對非常態生活。

賈菲刻意同時在多個平台上播出這檔節目，包括Facebook、LinkedIn、Periscope和YouTube，以觀察哪個平台會引起最多共鳴。

我剛創立部落格「內容行銷革新」時，也一直在Twitter、LinkedIn和Facebook上廣傳資訊，還稍微在YouTube試水溫。幾個月後，當我觀察到部落格有一點成果，便將更多的心力集中在部落格上，並且把社群媒體平台當作發布點。

在展開內容創業模式之旅時，你可能還不確定哪個平台最合適，有很多優缺點需要考量。

選擇平台

選擇平台時，請思考以下三大問題：

第一個問題和個人有關：

- 用什麼方式最利於你訴說故事？這需要考量到你這個人本身，以及你的天賦與才能。

在某些情況下，向你的一小群特殊受眾訴說故事時，最好的方式也許會是Podcast或系列影片，但你卻對寫作或設計更有興趣。

以我的內容創業模式平台而言，我認為最合適的平台會是Podcast，每週可以定期進行訪談。問題是什麼呢？我對寫作更有興趣，所以我把心力集中在經營電子報，作為我的主要管道。你偏好哪一種創作方式也是需要考量的重點。

接下來兩個問題的重點則是和觸及率及控管程度。

- 哪一類管道最利於接觸目標受眾？（觸及率）
- 哪一類管道最便於控管發表內容及培養受眾？（控管程度）

接著我們要討論圖9.1的圖表。

布萊恩．克拉克經營的Copyblogger幾乎完全掌控傳播管道，也就是旗下的WordPress平台。然而，

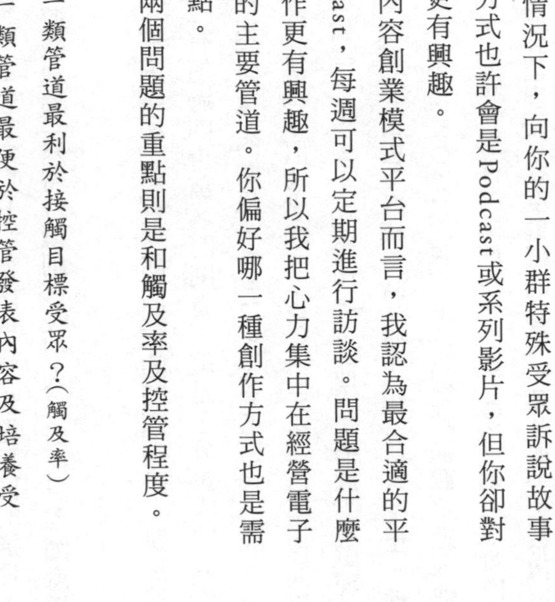

圖9.1　你的策略會因為優先選擇控管程度或觸及率而有明顯差異。

Copyblogger同時還需要打造新的系統吸引讀者關注，因為Copyblogger網站並不隸屬於其他可輕易帶來瀏覽量的平台系統。專為教師設計的知名資訊網站「教學幫手」也是採用相同的做法，運用WordPress建立平台。

另一方面，相較於Copyblogger，《當紅企業家》和「遊戲理論」(影片)更容易與受眾接觸，因為他們發表內容的環境已有固定受眾。《當紅企業家》推出節目的平台是iTunes，而每天有數百萬人在此搜尋新的Podcast內容。「遊戲理論」也是相同的道理，其目標受眾就是每天瀏覽YouTube的青少年，「遊戲理論」只需持續創作吸引人且YouTube願意播放的內容，便可以在平台上培養出受眾。

而《當紅企業家》和「遊戲理論」面臨的問題則是，雖然可以利用平台，卻幾乎無權控管。目前「遊戲理論」有超過四百萬名訂閱者，這是十分驚人的成就，但就技術層面而言，「遊戲理論」無法實際掌控與訂閱者的關係，YouTube才是握有權力的一方。YouTube大可以決定，從明天開始讓「遊戲理論」無法供訂閱者觀看，YouTube也可以選擇向馬修．派翠克的觀眾播放其他內容，例如吉米．法倫(Jimmy Fallon)的脫口秀，而不是播放「遊戲理論」。

現在談一談在YouTube紅極一時的雙人組合SMOSH，他們透過YouTube頻道累積了兩千萬名訂閱者。近年來，SMOSH總會在影片結尾呼籲觀眾進入他們自行架設的網站：Smosh.com，觀眾可以在此透過電子郵件訂閱節目，而SMOSH則可以實際控管這些節目。

如果你選擇利用控管程度偏低的管道，藉此擴大內容傳遞的範圍，就必須特別注意一點：當時機成熟，你會想將平台的訂閱者轉換為自己的訂閱者。而如果你選擇控管程度高的管道，例如網站或實體活動，就會需要更健全的計畫吸引受眾前往這些地方。

留意社群管道

儘管社群媒體如Facebook和LinkedIn的確是累積數位足跡（digital footprint）*和追蹤人數的絕佳平台，但你根本無權控制這些公司如何利用你的受眾。當然，LinkedIn會展示你在網站所發表的內容，供你目前的人脈瀏覽，但LinkedIn也可能在一夜之間改變心意，這是私人企業天經地義的權利，不過你身為LinkedIn社群的免費用戶，可說是毫無權利。

Facebook、Twitter、LinkedIn、Pinterest、Snapchat、TikTok和Instagram這類社群管道，也許都是打造平台時可納入考量的首選，還可根據不同的目標受眾從中選擇，不過一定要充分了解利用這些管道的風險。

案例分析：TWINSTHENEWTREND

二〇二〇年爆紅的頻道之一是TwinsthenewTrend。幾乎每一天，觀眾都可以看到一對雙胞胎兄弟坐下來聽一首他們從未聽過的歌曲後做出的反應。

---

* 譯註：使用者在網路留下的各種使用紀錄。

七月二十七日，他們聽的曲目是菲爾．柯林斯（Phil Collins）的《今晚夜空中》（In the Air Tonight）。我強力推薦各位去看這段影片，尤其是雙胞胎在時間標記4:56的反應。

這首歌開始在網路上瘋傳，不過數週的時間就累積四百萬的觀看次數和超過一萬兩千則評論。

不過就如你所知，瘋傳是在長時間提供有價值的內容之後才會發生的現象。這對雙胞胎在爆紅之前，已經持續在YouTube上發布影片超過一年，他們的很多影片只有幾百次的觀看數。現在這對雙胞胎已經成為網路名人，在YouTube有將近七十萬名訂閱者。

安全牌

觀察當今成長最迅速的媒體企業如「晨間快訊」（Morning Brew）或「看台快報」（Bleacher Report），又或者較為成熟的新興媒體平台如BuzzFeed，甚至你也可以觀察傳統出版業，例如《紐約時報》。這些企業都十分善於利用社群管道，也都成功由此培養出受眾，然而他們**並不是**在社群管道建立主要平台。

上列每間企業都選擇架設網站、推出行動應用程式、紙本出版品，或者活動節目（全都有訂閱者），全都是企業可全權擁有的平台，同時他們利用其他管道吸引讀者回到自身的平台，進一步將「路人觀眾」轉換為受眾並從中獲利。

低預算製作 Podcast

我從二〇一三年以來一直在錄製Podcast節目，包括超過五百集的《這個舊式行銷法》（*This Old Marketing*，與羅伯特．羅斯合作），以及《內容電力公司》Podcast節目。

在初期，我錄製一集節目大約會需要兩個小時。現在，只要大約二十分鐘就能收工。以下是一些建議：

1. **購入品質良好的麥克風**。這絕對是三項建議之中最優先的一項，好的麥克風可以彌補很多不足。我使用的是Audio-Technica AT2020 USB，讓我非常滿意。《這個舊式行銷法》共同主持人羅伯特．羅斯使用的是Shure SM58；知名Podcast主持人克里斯多福．潘（Christopher Penn）則是使用AT2100。

2. **使用Audacity錄音**。Audacity是免費的錄音工具，編輯和發布功能都非常易於使用。建立檔案後可以儲存為.wav格式，然後以另一個免費程式Levelator II執行，來將聲音處理得更清晰。如果你使用的是Apple電腦，可以用Garageband替代Audacity。

3. **使用Libsyn代管**。我是Podcast代管和發布平台Libsyn的長期客戶。完整方案的價格為每個月五美元起。Libsyn可以將你的Podcast發布至Apple Podcasts、Spotify、Overcast、Stitcher、SoundCloud、YouTube、Amazon Music、Google等等。其他可以考慮的平台包括Buzzsprout、Podcave、Anchor、Podbean和Captivate。

內容類別／平台配對

特定的內容類別和敘事風格比較適合搭配特定的平台和頻率，以下是內容創業模式創業家最常使用的配對公式：

平台	內容類別	長度	頻率
部落格	文字＋影像	500～2,000字	每週一次以上
電子報	文字＋影像	500～2,000字	兩個月一次以上
YouTube	影片	5～15分鐘	最少每週一次
Podcast	音訊	30～90分鐘	最少每週一次
Facebook	文字／影像／影片	多種類型	每日
Pinterest	影像	無	每日
Instagram	影像／影片	60秒以下	每日
Snapchat	影像／影片	60秒以下	每日
TikTok	影片	20秒以下	每日

平台運用實例

創投企業「開放觀點創投合夥人」(OpenView Venture Partners)的投資對象是有發展潛力的科技公司。二〇〇九年，OpenView公司推出新的內容平台，名為「開放觀點實驗室」(OpenView Labs，http://cmi.media/CI-openview)，主要是透過定期提供文章內容，吸引讀者訂閱電子報，目前已有十萬名訂閱者(請見圖9.2)，以創投公司而言表現不錯。

一八九五年農具製造商強鹿公司(John Deere)推出雜誌《犁》(*The Furrow*，圖9.3)，至今仍持續發行，目前提供紙本與數位版本，並且有十四種語言版本在全球四十個國家販售。《犁》雜誌一直以來的理念就是協助農民了解最新技術以及擴展農場與事業。

二〇〇〇年代初期，連續創業家尚－巴蒂斯特．杜肯尼(Jean-Baptiste Duquesne)創立了750g，定位是引領潮流的法國美食家食譜網站。網站創立五年後，杜肯尼將750g的版圖擴展到巴西、美國、義大利、西班牙和德國。如今，750g的社群包括Facebook的四百多萬名粉絲，Pinterest的四十萬名追隨者，但品牌最主要的平台還是750g.com。

好萊塢明星葛妮絲．派特洛(Gwyneth Paltrow)推出的內容創業企劃名為「Goop」。Goop的前身是每週電子報，主題包含旅遊指南及購物訣竅，而現在Goop則已進化成功能完整的媒體網站，訂閱者超過八百萬人。Goop的電子報開信率高達四成，等於是同類別內容平均值的兩倍。

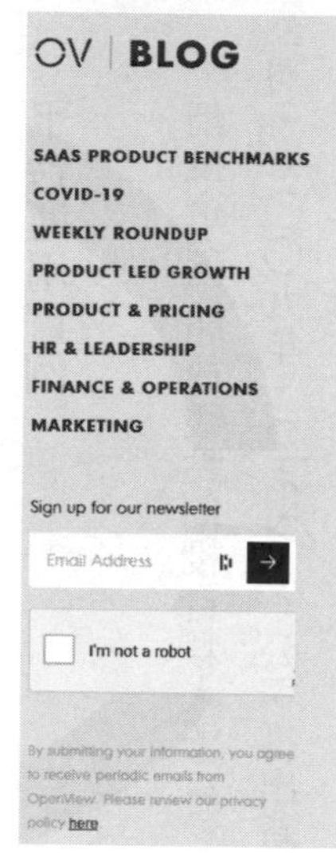

圖9.2 OpenView的電子報已有十年歷史，累積訂閱人數達到十萬人。

March 2020

Feb. 2020

Jan 2020

圖9.3 強鹿公司發行的《犁》雜誌是全球歷史最悠久的內容創業模式計畫。

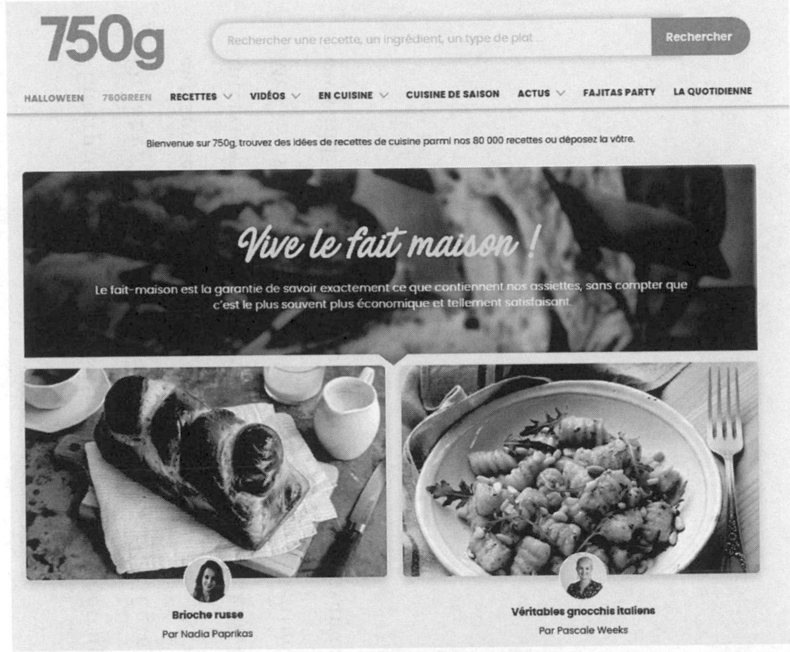

圖9.4 750g是知名的法國美食家食譜網站。

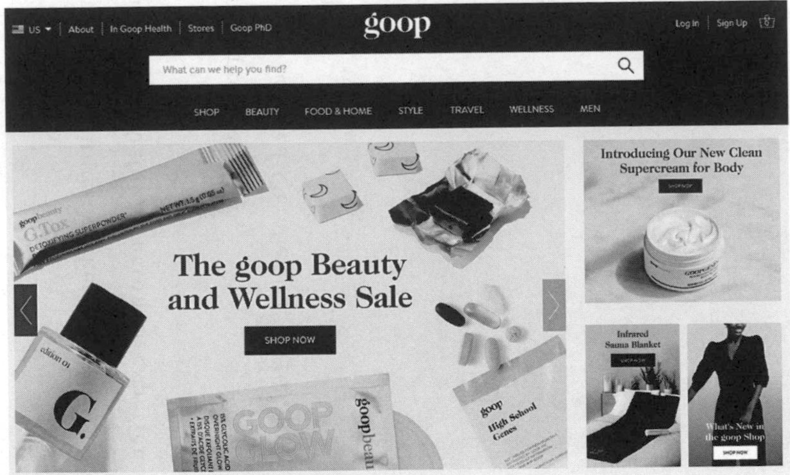

圖9.5 葛妮絲・派特洛的Goop現在有超過八百萬人訂閱。

【參考資料】

"Enterprise Content Marketing Research," Content Marketing Institute/ MarketingProfs, accessed October 10, 2020, https://contentmarketinginstitute .com/2020/02/customer-experience-enterprise-research/.

Interview with Jean-Baptiste Duquesne by Joakim Ditlev, September 2020.

McKinnon, Tricia, "The Growth Strategy Behind Goop," accessed October 12, 2020, https://www.indigo9digital.com/blog/goopdirectoconsumerstrategy.

第十章
構思內容

不具危險性的想法完全稱不上是想法。

——奧斯卡・王爾德（Oscar Wilde）*

良好的內容體驗源於分析自己所擁有的優勢，並結合從受眾身上蒐集到的資訊。如果你沒有充分掌握這兩者，成功的那一天還非常遙遠。

▲如果你已經充分掌握這個概念，請直接跳至下一章。

* 愛爾蘭都柏林的詩人和劇作家。

《大家都能寫出好文章》（*Everybody Writes*）的作者安・漢德利（Ann Handley）之所以對內容創業模式充滿信心，是出於兩大原因，漢德利曾這麼說：

> 第一，因為這套模式很確實的把受眾需求擺在首位，就某方面來說，你其實是把受眾看作事業的合作對象。我很喜歡這種以受眾為中心的觀點。
>
> 第二，創作內容不只是為了行銷，也不只是為了培養受眾而進行的外在活動；內容的美好之處就是有助於個人成長，作者也會在創作內容的同時成長，換句話說，創作內容簡直就是在督促你提升思考能力。在創作內容並獲得受眾迴響的過程中，你可以持續精進自己的觀點，最後再將觀點融入你正在創作的內容。

達倫・勞斯創立的數位攝影學院（Digital Photography School），後來成為知名的相機新手教學平台。克莉絲汀・博爾開始經營部落格「熊掌理論」（Bearfoot Theory）時是以背包旅行為主題，後來成為全球知名的車旅生活網站。瓦利・柯沃原本建立的是旅遊願望清單「轉角遇見魏斯・安德森」，後來卻出版了暢銷一時的攝影收藏書。

只要觀察網路上任何一個具代表性的資訊來源，肯定會發現網站初期推出的內容和目前的內容大相逕庭。隨著時間過去，這些內容越來越符合受眾的需求，同時創作者也開始發掘出甜蜜點（如前文所述，發掘甜蜜點有時候需要時間）。

完成比賽固然重要，但比賽過程更是重要。

——戴爾・伊恩哈特（Dale Earnhardt）*

內容創業模式要發展到成功這一步，唯有努力一途。發掘甜蜜點和鎖定內容與競爭者的不同之處後，下一步便是長期構思出吸引人的想法與內容，這一點也許令人覺得難以實現，不過實際投入工作將會改變你的想法。

大多數無法成功針對內容培養想法的創業家，都是因為缺乏計畫。如果你的工作方式是坐在電腦前，等待靈感自動出現，你可是大錯特錯。

構思內容企劃其實並沒有標準做法，不過你還是需要一套流程。

內容查核

考量自己需要哪一類內容之前，首先你必須檢視自己現有的想法。此外，你也必須判斷現有的想法是否有任何可取之處，又或是更理想的情形下，你是否有些尚未成形卻十分有價值的內容，可以在執行內容創業策略時加以利用。

這個步驟為什麼如此重要？以我的合作經驗而言，有不少公司計畫推出全新的電子書和白皮

* 著名賽車手。

書，並且聘僱自由工作者和編輯加以協助，卻在計畫進行至一半時發現，大部分的內容都已有人製作。只要事先執行簡單的內容查核，就能為這些公司省下許多時間與金錢。

內容查核也許稍嫌昂貴，但與其把資源投入沒有必要的內容，這可能還是比較省錢的作法。你應該可以輕鬆找到幾種可用的內容查核範本，不過在現階段，為了方便行事，我們先把焦點放在你的核心內容資產。你的試算表可能會看起來像這樣：

內容類別	用途	數量	詳細資訊
文字	部落格文章	42	也許能用於未來的著作
影像	Instagram 貼文	194	原創設計圖片，具完整權利
音訊	Podcast 訪談	34	與設計專家進行四十五分鐘的訪談
影片	YouTube 教學影片	5	針對工程師的 CAD 設計教學內容
電子書	研究報告	2	終端使用者用途的專門報告

你可以進一部深入挖掘這些資訊。許多組織會對旗下網站進行全面的內容查核，並使用 Google Analytics、Orbiter 和 Screaming Frog 等工具分析每個頁面。我們暫時不需要這麼詳細的分析，目前只需要了解我們正在製作的內容。

五十道問題

馬可斯．謝里登和河流泳池裝設公司的成功經驗中，最令人難以置信的一點，就是馬可斯從未真正裝設過玻璃纖維游泳池，儘管世界上大多數人都認為他是專家。祕訣就在於：「聆聽是最佳的內容策略。」

馬可斯願意聆聽客戶、員工、以及Podcast。他把聆聽的責任做到十全十美，接著他會腦力激盪、構思內容。馬可斯指出：「如果你想不出五十個問題，就表示你不夠努力。只要每週寫作兩次，就足以完成一年份的內容。」

打開筆記本並且列出受眾可能想了解的問題清單，過程中請謹記你的內容宗旨。在這個階段，答案沒有對錯之分，千萬不要暫停和修改任何內容——只需記錄問題即可。完成寫滿五十道問題的清單後稍做休息，等待一段時間，接著再次檢視清單開始挖寶。

善用自由書寫術

《自由書寫術》（*Accidental Genius*）的作者馬克．李維（Mark Levy）曾為我上了一堂「自由書寫」速成課程。「自由書寫」也稱作「意識流書寫」，這種寫作技巧指的是在一段時間內恣意寫作，毋需顧慮拼字或甚至主題。馬克就是運用這種方式協助客戶，發掘出創作者心中尚未成形的內容。

《療癒寫作》（*The True Secret of Writing*）的作者娜妲莉．高柏（Natalie Goldberg）簡要整理出自由書

寫的規則：

- 訂下時限，在一定的時間內寫作，時間結束便停止。
- 在時限內持續寫作，避免暫停和盯著空白處或重讀自己寫下的文字。書寫時要迅速但不倉促。
- 忽略文法、拼字、標點符號、簡潔或風格等規則，你寫下的內容不需要讓他人閱讀。
- 如果偏離主題或是沒有其他想法，還是要繼續寫作。有需要的話，也可以寫下毫無意義或是腦中出現的任何想法，甚至胡亂塗寫也沒問題：只要想盡辦法讓手繼續動作即可。
- 如果在書寫過程中感到無聊或不自在，自問是什麼原因令人困擾之後記錄想法。
- 書寫時間結束後，從頭看一次自己所寫的內容，並且標記有可用想法的段落或可能值得保留的詞語，又或者在下次自由書寫時繼續闡述想法。

發現Google快訊的樂趣

Google快訊是一項免費服務（只要有Gmail帳戶即可使用），可以將搜尋關鍵字的相關網路內容寄送至信箱。舉例來說，假設你對多人遊戲《Minecraft》的相關內容有興趣，可以要求Google快訊在發現新網頁時發送通知，例如新的遊戲攻略或是遊戲上市的消息。

你可以在新網頁出現的當下收到快訊，無論是每日或是每週，而這些文章有可能會成為你的內容素材。

別忘了Google搜尋趨勢也是很實用的資源。

主題標籤

和Google快訊功能相同的工具，還有產業中的主題標籤，可以為內容提供新的方向。例如，網路上有不少話題圍繞著「B2B行銷」，而B2B行銷的主題標籤是「#b2bmarketing」，只要在Twitter（透過專門工具TweetDeck）、LinkedIn、Facebook或Instagram上搜尋主題標籤，就能夠監控這個話題在社群媒體的討論情況。其他付費工具包括Brand24、Sprout Social和Brandmentions.com。

自我分析

如果傑．貝爾（Jay Baer）沒有分析自己的網站流量，就無法發現轉換內容的方向是社群媒體。他在發表一篇關於社群媒體的文章後，觀察到網站流量是前一篇電子郵件行銷文章的二至三倍。

務必要養成每週自我分析的習慣，找出大眾最有興趣的主題，以及他們是如何發現你的內容。根據受眾最重視的主題創作更多內容，才是合理的選擇。

儘管市面上有數百種分析系統，Google 分析（Google Analytics）卻是免費且相對易於安裝至網站的工具。

員工討論

許多員工不敢協助企業主創作內容，是因為他們不了解編輯過程所能附加的價值。就你的目的而言，你希望從員工身上獲得「尚未成形」的內容，也就是那些讓他們成為特定主題專家的資訊。

你必須向工作團隊的成員保證內容會在編輯過程中經過精修。接著再利用以下訣竅鼓勵員工著手開始：

- **記錄**。如同你的五十道問題或自由書寫練習一般，儘管鼓勵員工說出自己的想法。你可以和員工一起喝咖啡，同時記錄對話內容，只要和他們談一談目前面對的挑戰，就能夠在不知不覺中蒐集到二十種關於內容的想法。
- **解說板**。如果員工無法敞開心胸暢談想法，請他們在腦中思考自己想說的話，並且在便利貼寫下關鍵詞語或概念，甚至也可以在便利貼畫下自己的想法。這個好方法尤其適合整理較為複雜的想法。

向社群網站求教

雖然不該濫用這個方法，不過利用社群網站取得資訊會是很有效的做法，特別是針對特定領域時。你現在讀這本書的原因，正是由於內容創業模式的概念絕對是我在社群網站上最常被問及的主題。

與客戶或潛在客戶交流

毫無疑問，我獲得新想法的最佳途徑是參加會議和活動，直接與我的行銷業受眾交談。我在二〇一三年出版的《史詩內容行銷》(*Epic Content Marketing*)，內容幾乎完全是源於在現場活動與行銷從業人員交流。

如果你無法直接接觸到客戶，可以嘗試使用電子郵件或電話。你會很驚訝地發現，當你不要求客戶購買任何東西，他們會非常樂意敞開心扉。只需要問一句：「最近你在煩惱什麼？」然後坐下來傾聽就對了。

實用工具

有幾位多產的部落客是利用Evernote記錄和內容有關的想法，而Evernote是一款用於記錄的應用程式，可同步至所有裝置（智慧型手機、平板電腦等等）。我在《這個舊式行銷法》Podcast的合作主持人羅伯特・羅斯就是運用Evernote追蹤新想法與新聞報導。

有些人偏好用圖像記錄關於內容的想法，所以會使用Mindjet（現改名為MindManager）這一類的心智地圖軟體。努特・巴瑞特（Newt Barrett）是和我一起編寫《內容行銷塞爆你的購物車》（*Get Content Get Customers*）的共同作者，他就是運用Mindjet排列出書中的各個章節，同時也呈現出目錄和案例分析的細節。

麥克・海亞特（Michael Hyatt）則是獨鍾Scrivener這項工具。最初，Scrivener的使用者大多數是劇作家，但近來也有越來越多部落客開始使用。

至於我個人，我向來都是用Moleskine筆記本構思想法。

閱讀毫無關聯的書籍

每過一段時間，我的創造力就會逐漸枯竭，無論多麼努力，我就是無法專注在吸引人的主題之上。出現這種情況時，我會閱讀和內容領域毫不相關的書，我總會在讀好書的過程中，發現自己的腦中突然冒出極為出色的想法。我極力推薦羅伯特・海萊因（Robert Heinlein）的《異鄉異客》（*Stranger in a Strange Land*），或是哈波・李（Harper Lee）的《梅岡城故事》（*To Kill a Mockingbrid*）、道格拉斯・亞當斯（Douglas Adams）的《銀河便車指南》（*The Hitchhiker's Guide to the Galaxy*）等經典大作。

> 如果你沒有時間閱讀，就不會有時間（或工具）寫作。就是如此簡單。
>
> ——史蒂芬・金（Stephen King）

【參考資料】

馬克・李維，《自由書寫術》，商周出版，二〇一一。

娜妲莉・高柏，《療癒寫作》，心靈工坊，二〇一四。

Interview with Ann Handley by Clare McDermott, January 2015 and August 2020.

Miltenberg, Bill, "To Save His Business, Marcus Sheridan Became a Pool Reporter, PRNews.com, http://www.prnewsonline.com/featured/2012/09/06/to-save-his-business-marcus-sheridan-became-a-pool-reporter/.

Roberts, Stacey, "How to Consistently Come up with Great Post Ideas for Your Blog" ProBlogger.

net, http://www.problogger.net/archives/2014/02/03/content-week-how-to-consistently-come-up-with-great-post-ideas-for-your-blog/.

第十一章 內容行事曆

你可以擁有一切，只是無法一次擁有。

——歐普拉．溫芙蕾（Oprah Winfrey）

內容創業計畫的成功要件就是一定要準時出現，而且出現的時候務必要有趣。

▲如果你已經充分掌握這個概念，請直接跳至下一章。

多年來，我一直強調在建立以內容優先、受眾優先的事業中，內容頻率的持續性是最重要的事。我的內容創業模式事業是如此，本書中提到的每一個實例也是如此。

不過實際上，持續性有兩個層面。請容我解釋一下。

在我小時候，每週四都會收看NBC的熱門節目《歡樂酒店》(Cheers)，劇情圍繞在波士頓的一家酒吧。其中一位主角叫做諾姆·彼得森(Norm Peterson)，大家都很喜愛諾姆，喜愛到每當他走進酒吧，其他顧客都會喊出他的名字。

為什麼大家都愛諾姆？首先，因為他每一天都在相同時間出現。要受人喜愛，你必須現身。其次，諾姆每一次都妙語如珠，每一次。

節目中的對話就像這樣：

諾姆：各位，下午好呀。

酒吧裡的所有人：諾姆！

酒保或老客人：今天世界對你好嗎？

諾姆：像嬰兒對尿布一樣。

他的回答有兩百七十三種不同的版本，正好是《歡樂酒店》的總集數。

要變得有影響力，你必須現身，然後要有趣。每一次都要如此。

在先前提到的例子中，安東尼·法薩諾打造出令人讚嘆的內容創業模式事業「工程管理研究所」(Engineering Management Institute)。

安東尼指出：

內容發布的持續性絕對很重要。首先，生活中的持續性就很重要。我的意思是，如果你一個月只去一次健身房，那不會有任何效果。如果你一週健身好幾次，就會有效果。如果你一個月吃只有一餐吃得健康，當然不會有任何效果，內容也是相同的道理。如果你只是偶爾製作Podcast，只有想創作時才錄製，根本無法幫助到任何人，因為這種作法太隨機了，沒有策略可言。

你必須強迫自己去做，否則你沒辦法建立規律。你的觀眾就不會覺得自己可以穩定且定期地獲得價值，你也無法建立可以影響和幫助很多人的管道。

你可以把持續性想像成節奏，像心跳的節奏。心跳永不停止，而且基本上保持著相同的頻率。有時可能會變快一點，有時會變慢一點，但絕不會停止跳動。

「決定你想要多頻繁地發布內容（節奏），然後堅持下去（紀律）。」NXTLI的丹尼斯・多蘭（Denis Doeland）表示：「這才是真正的挑戰：兼具節奏、持續性和紀律的重要性經常被低估。」

規劃持續性

無論我們有多麼專業，或是在業界有多麼資深，還是會永無止境的追求、以「更好的方式」完成日常工作：探索新工具、實驗新技術、考量新資訊。創新發明不停出現，眾人因此得以在工作時花費較少的時間、降低徒勞的次數、並且獲得更顯著的成果。創新再造（Reinvention）在現代基本上已經如同可以交易的商品，同時也是持續推動數位社會進步的原動力。

即使是內容行銷利器中最穩定、最可靠的工具——編輯（內容）行事曆——多年來也歷經不少轉變：從用於追蹤發行內容的簡單表格，成為管理公司內容行銷專案時程的必備助手

所有的內容創業模式創業家都有一個共通點：利用內容行事曆記錄和執行工作流程。現在就著手開始吧。

基本事項

首先要蒐集必要的內容創業策略資訊，也就是創作內容所需的基礎資料。目前你應該已經掌握充分的相關資訊，不過這項練習有助於確立整個流程。

回答下列問題有助於你判斷需要用行事曆追蹤哪些資訊，也有助於你在規劃內容創作的同時，專注在行銷目標之上。

- **創作內容的受眾是誰？**規劃如何以內容行銷滿足受眾需求的過程中，重點之一就是建立行事曆時，要將目標受眾擺在首位。
- **創作內容的原因為何？**內容行銷的宗旨與目標，會左右發行的內容、平台以及頻率，也會影響團隊如何排序、組織、分類、甚至標記內容成品。整體而言，內容成功與否取決於吸引或留住訂閱者的能力（請參考培養受眾的章節）。

- **有哪些可運用的資源？**也許你有個認真投入的寫作及攝影團隊、一群樂於分享觀點的產業專家、或只有幾位不情願創作內容而需要加以提點的主管，又或者只有你一個人。無論如何，你記錄於行事曆中的事項，例如內容發行的形式、頻率、以及整體工作流程，大多都會因內容作者及其專業領域的不同而有差異。
- **與競爭者有何不同之處？**你所製作的內容，可以滿足產業中哪些尚未解決的需求？在你目前完成製作的內容中有哪些漏洞，或是競爭者的內容成品中又有哪些漏洞？一年之中業界發生了哪些大事，可以與你的內容彼此連結，進而增加內容的曝光率？先了解自己在何處可以取得領導者地位，也就是獲得最多受眾的關注，如此一來，你才能在編輯行事曆中排滿最具效果的內容，幫助自己順利達成商業目標。

邁克·舒特的堅持

《舒特部長》（*Schotministeriet*）是丹麥喜劇演員邁克·舒特（Michael Schøt）製作的節目，主題圍繞在政治不正確。每週五中午，邁克都會發布一集新的節目，三百五十週來始終如一，他因此累積了超過十萬名Facebook粉絲。

這個節目的形式非常嚴謹。每一集《舒特部長》都會以相同的喇叭聲開始，背景總是保持不變，而且舒特一定會穿著白襯衫和戴上深色領帶，坐在桌子後面。每一集節目都是以「上帝（上帝一詞會以嗶聲蓋過）保佑我的光屁股」這句台詞收尾，每集長度落在六到十分鐘之間。

設計行事曆

目前市面上有不少付費或免費的行事曆工具，可以幫助你設計屬於自己的行事曆，這些工具如下：

- MS Excel、Google 表單（或其他試算表工具）
- Evernote
- Agorapulse
- Trello
- Loomly
- Sprout Social
- DivvyHQ

莎娜．馬龍（Shanna Mallon）是網路行銷公司「一路向北」（Straight North）的撰稿人，她提出的幾項建議有助於簡單、快速的建立內容行事曆，清楚彙整銷售週期。以最基礎的角度而言，我們建議行事曆應包含以下欄位：

- 內容的校對／產製期限

- 內容發行日期
- 內容主題或標題
- 內容作者
- 內容負責人——亦即是誰負責監督內容由構思到發行及宣傳的流程。
- 內容目前進度（隨著發行週期的進展更新）

公司的內容定位與宗旨、團隊的工作流程、內容發表的形式與平台、以及內容的創作量等，在上列因素的影響下，你可能會需要持續追蹤以下要素，才能夠長期保持有條不紊。舉例來說：

- **內容發行管道**。你可以只追蹤自有管道（例如自行推出的部落格、網站、電子報等等），也可以將追蹤範圍擴大至付費或社群媒體管道。
- **內容類別**。你的內容是部落格文章？影片？Podcast？還是原創圖片？為了讓創作內容發揮最大效益，你可能需要在時機成熟時考慮改變發行形式，因此最好從初期就確實記錄現有的內容類別。
- **視覺呈現**。就媒體資產而言，千萬別忽略視覺呈現可為內容增添的吸引力，不論是社群媒體的分享潛力，或是整體的品牌辨識度都能有所提升。記錄內容成品中使用的各種視覺元素，如封面圖片、標誌、插畫、圖表等等，有助於你的內容作品展現代表性的形象以及一致的品牌識別。

- **主題類別**。根據主題分類可以讓行事曆更易於搜尋。鎖定內容創作量已十分豐富的主題，以及內容量稍嫌不足的主題。
- **關鍵詞與其他後設資料（metadata）**。所謂的後設資料包含網頁描述（meta description）與搜尋引擎最佳化（SEO）標題（如果與網頁標題不同則需特別追蹤），記錄這些資料可以讓引擎最佳化策略和內容製作相輔相成。
- **超連結**。這類資料容易歸檔整理，便於隨時查核線上內容，或是在新製作的內容中放入舊內容的連結。
- **呼籲行動（Calls to action）**。紀錄呼籲行動的相關字眼，可以確保你製作的每一份內容都符合公司的行銷目標。
- **受眾獲得的益處**。這大概是整個行事曆中我個人最喜歡的部分；如果你同時與多位內容作者合作，務必要在行事曆加上讀者從中獲得的益處。列出這些益處就等同於清楚說明，你希望受眾從內容中得到什麼好處，是找到更理想的工作？學會一項技能？還是從某方面改善生活品質？明確列出這些目標之後，創作內容者便能從受眾的角度思考。

同時使用多個內容行事曆可能會更加便利；舉例來說，你可以設置一個主要行事曆，用於快速檢視所有事項，再依各個活動分別設置不同的行事曆（請見圖11.1）。

維持充實且集中的行事曆

如前一章所述，構思內容是一段持續且不可或缺的過程。當你對內容的想法越來越明確，就可以將這些想法紀錄於內容行事曆。

再次提醒，工作表中的欄位可以依個人需求設定或變更，不過我們仍然建議你至少要記錄以下幾點：

- 對特定主題的想法。
- 想法的發想人。
- 內容所涵蓋的目標關鍵字以及類別。
- 有時間且有能力編製這份內容的人。
- 發行內容的時程。

「螳螂研究」(Mantis Research)共同創辦人蜜雪兒・林恩(Michele Linn)建議，可以在內容行事曆加上額外的工作表分頁，包括：

	Author	Headline	Status	Call to action	Category	Notes
Week of November 3						
Monday, November 3, 14						
Tuesday, November 4, 14						
Wednesday, November 5, 14						
Thursday, November 6, 14						
Friday, November 7, 14						
Saturday, November 8, 14						
Sunday, November 9, 14						
Week of November 10						
Monday, November 10, 14						
Tuesday, November 11, 14						
Wednesday, November 12, 14						
Thursday, November 13, 14						
Friday, November 14, 14						
Saturday, November 15, 14						
Sunday, November 16, 14						
Week of November 17						
Monday, November 17, 14						
Tuesday, November 18, 14						
Wednesday, November 19, 14						
Thursday, November 20, 14						
Friday, November 21, 14						
Saturday, November 22, 14						
Sunday, November 23, 14						
Week of November 24						
Monday, November 24, 14						
Tuesday, November 25, 14						
Wednesday, November 26, 14						
Thursday, November 27, 14						
Friday, November 28, 14						
Saturday, November 29, 14						

圖 11.1 你的內容行事曆不需要非常複雜也能發揮作用。

- 可在新內容中達到呼籲行動效果的現有內容（可下載的電子書或白皮書，功能是吸引訂閱者）。
- 可以多次利用、製作成不同內容的想法。
- 可供彙整及策展（curated）的內容。

內容發表頻率

Facebook專家喬恩．魯莫（Jon Loomer）剛開始採用內容創業模式時，他在第一年共發表了三百五十篇文章；第二年，他的文章產出量降低至兩百五十篇；直到第三年，他的原創內容共計一百篇。

這意謂什麼？隨著喬恩漸漸培養出受眾，他發現自己其實不需要像以前一樣發表大量內容，就可以獲得最多迴響。儘管這個道理不一定適用於你選擇的平台，但製作更多內容未必等同於善用資源。

> 我們的目標一定要放在以最少量的內容創作帶來最大量的成果。
>
> ——羅伯特．羅斯（Robert Rose）

超前進度

創業家經常提出的問題之一就是如何安排時間，究竟該超前編輯行事曆多少時間才足夠？儘管超前進度並沒有統一的正確方式，通常內容行銷團隊會採取以下做法：

- 一年進行一次會議，討論整體的發展方向和編輯策略。這麼做有助於你大致了解內容的創作方向，也就是要符合組織的宗旨。
- 每季進行一次會議，針對下一季彙整內容主題。目的是大致規劃內容，同時釐清每週的內容主題、工作團隊、以及製作時程。
- 每週進行會議，針對需要之處修正。你的團隊將有機會在此時將新鮮的內容排入時程表，或者趁勢利用近期的產業新聞(也就是即時行銷)。

優秀的編輯團隊對於下個月要發行的內容，已經有非常出色的想法，而他們也清楚知道，接下來兩週要發行的內容為何。如果你和團隊對未來製作的內容毫無頭緒，就會產出平淡無奇的內容，也會在製作流程中犯錯，最後危急整個商業模式。

【參考資料】

Interview with Jon Loomer by Clare McDermott, January 2015.

Interview with Michael Schot by Joakim Ditlev, September 2020.

Interview with Michele Linn by Joe Pulizzi, June 2016. "

第十二章
尋找內容協力者

一個人的才智絕對不敵一群人的頭腦。

——肯・布蘭切特（Ken Blanchard）*

大部分的內容創業模式都是從一至兩人創作的內容踏出第一步。不過隨著模式的規模擴大，你會需要內容協助協力者。本章會說明該從何處和如何找起。

▲如果你已經充分掌握這個概念，請直接跳至下一章。

* 美國作家與管理學專家。

在我們訪談過的內容創業創業家中，幾乎每一位都沒有工作團隊，只有創業家單打獨鬥的開創事業。我成立CMI時就是如此；布萊恩・克拉克創立Copyblogger媒體公司時也是如此；奎茵・坦普斯特經營Instagram帳號、「雞的悄悄話」以及安東尼・法薩諾創辦「工程管理研究所」都是如此。

當內容平台從興趣為主的事業，開花結果成為一間持續成長的企業，擴大規模才是其中的關鍵。這表示你需要一個團隊，幫助你邁向下一個階段。

內容團隊職位

「我們需要哪些人力職位，才能成功利用內容創業模式？」我經常聽到大大小小的企業提出以上問題，這個問題不僅重要，也難以解答，不過我們還是必須仔細規劃人力。

儘管內容創業組織並沒有完美的架構，而且各個組織會因為受眾及內容定位不同而有差異，我們仍然需要思考如何設置一定的職位，讓成功不再遙不可及。

下列清單並不只是新的職位名稱，而是企業整體不可或缺的各種核心能力。如你所見，以下不少「職位」都可以有多種職稱。

一、內容執行長（亦即創辦人）

你很有可能就屬於這個職位。內容執行長的職責是訂立公司的整體編輯與內容宗旨，當個別員工致力於創作和內容策展，內容執行長必須負責確認公司所說的故事與宗旨一致，而且對（不同的）受眾有所幫助。

此外，內容執行長也必須了解如何將故事轉化為成果，達成公司的商業目標：吸引新的訂閱者、留住現有的訂閱者、創造收益等等。

職稱範例：內容執行長、創辦人、企業主、執行長、發行人。

二、管理編輯

管理編輯的職責包含說故事和管理專案，同時要代表內容執行長推展內容計畫。內容執行長的工作重心在於擬定策略（以及部分內容），而管理編輯則要負責執行計畫，並且與下屬合作將故事化為現實（其中包含為內容排程）。

職稱範例：管理編輯、主編、專案經理。

三、溝通執行長

溝通執行長專門負責社群媒體和其他內容傳播管道，扮演空中交通管制員的角色，職責就是聆聽不同群體的意見、維持彼此的對話、並且向合適的團隊成員傳達回饋意見，再由該成員負責與各部門溝通（也許是內容執行長、編輯團隊或是業務團隊）。這套意見回饋機制十分重要，是內容能否真正影響受眾的關鍵。除此之外，溝通執行長也必須密切關注內容發表在自有媒體網站（如部落格）的情況，再將情資向內容執行長和管理編輯彙報。

職稱範例：社群媒體經理、社群部經理。

四、受眾總監

受眾總監負責觀察受眾的成員，並且確保內容作者對受眾有十足的認識，要了解受眾的特質、可以引起受眾熱情的事物、以及公司期望受眾採取的行動。受眾總監也需要負責製作訂閱資產（實體郵件地址清單、電子郵件訂閱紀錄、社群媒體追蹤人數），而隨著公司的內容宗旨逐漸成熟、擴張，這些資產會持續增加，也可依據需求分門別類。

職稱範例：受眾開發經理、傳播部經理、訂閱部經理。

五、傳播管道主管

無論內容的傳遞方式為何（社群媒體、電子郵件、手機、印刷、實體活動等等），傳播管道主管都必須負責發揮出各管道的最佳效益。哪一類內容最適合以LinkedIn呈現？發送電子郵件的最佳時機和頻率為何？在Twitter上發布原創內容與篩選資料整理而成的內容時，兩者的適當比例為多少？誰負責長期追蹤行動裝置策略與執行？傳播管道主管的職責就是為團隊解答以上或類似的問題。

職稱範例：電子媒體主管、分析總監。

六、技術長

隨著行銷及資訊技術興起，企業至少需要有一人（也許需要更多人力），負責在內容行銷流程中善用這些技術。技術長會負責監督公司的發行系統（確保資訊順暢流通），例如網站基礎架構和電子郵件系統，以及兩者的整合方式。

職稱範例：電子媒體主管、IT部門主管、網路服務主管。

七、創意總監

在這個時代，內容的設計與形象無比重要，尤其當視覺社群管道已逐漸成為吸引並留住訂閱者的主要管道。創意總監負責內容的整體形象與風格，工作範圍涵蓋網站、部落格、圖片、照片、以及其他所有的附加設計。

職稱範例：創意總監、平面設計主管。

八、影響力公關

向來稱作「媒體公關」的職位，將會演變成管理影響力的工作。影響力公關的職責包括擬定一份「目標清單」，列出具有影響力的人物，並且直接經營與這群人的關係，接著以最有效的方式，在行銷過程中融入這些人物的影響力。

職稱範例：公關經理、行銷總監、宣傳部主管。

九、自由工作者與仲介公關

隨著內容需求持續演變(及增加)，企業組織對自由工作者及其他外部內容供應商的依賴也會持續成長。組織必須培養屬於自身的「專家」內容團隊與人際網，而仲介公關則是負責協調人員的薪資費率與職責，確保團隊全數成員的工作目標一致，可以代為執行你的內容創業企劃。

職稱範例：管理編輯、專案經理。

十、內容策展總監

隨著內容資產逐漸增加，你的公司將有大好機會重新包裝內容和重製內容形式。內容策展(curation)總監負責持續檢視組織內所有的內容資產，並且擬定運用現有資產創新內容的策略。

職稱範例：社群媒體總監、內容策展專家、內容總監。

遊戲理論(Game Theory)如何操作內容

「遊戲理論」創辦人馬修·派翠克白手起家，卻培養出超過八百萬名訂閱者的受眾。以下是馬修如何為多個商業路線安排人力的詳細作法。

遊戲理論：

同時經營兩種不同的分支事業，不過兩者卻完美的相輔相成。首先是生產單位，負責製作YouTube影片及創意發想，生產單位中最大的資產是Game Theorists，目前旗下約有十三至十六人，包含特約編輯、撰稿人、銷售團隊等等。

在生產事業，我們會專為電玩品牌、傳統廣告公司客製化影片，或是製作類似的作品，全都是透過Game Theorists頻道公開，而這些影片主要是在推銷產品或品牌提供的服務。而在這個行銷過程中，我是負責寫稿的角色，我是所謂具有影響力的人物或名人，我們負責宣傳品牌話題（messaging point），將受眾轉化成銷售量。

所以除了製作一般影片之外，我們也製作了不少品牌合作影片，通常是電動遊戲公司請我們提供客製化內容或直接反應式廣告，也會有其他品牌請我們協助提升品牌認知度的企劃，基本上這就是生產事業的範圍。

接著是諮詢服務的分支事業。在諮詢事業，我們的營運方式和傳統顧問業很類似，我們的專長是在媒體空間讓受眾自動成長，尤其擅長利用YouTube，所以目前的服務範圍非常大，端看客戶需求。而在各式各樣的諮詢服務中，我們也可以協助舉辦一日工作坊，也就是我們進駐你的公司，帶領你和你的團隊從YouTube新手變專家，你會深入了解有關內容的一切、在YouTube平台什麼內容才有效果、如何用精細的最佳化設定提升自己的能見度、以及如何更進一步的擬定成功策略。

我們也會負責一些長期專案，所以有些人力幾乎是以全職狀態與各式各樣的公司合作，扮演類似內容部經理或傳播管道經理的角色。

諮詢事業的範圍呈現光譜狀，大致上就是如此。而我們根本原則就是：在新型態媒體空間中，利用數據導向的決策促使受眾自然成長。

內容委外自由工作者

你也許會需要人手協助持續開發內容，或者換言之，你可能會需要其他的內容作者協助，才能維持一定的創作速度與品質。

該如何尋找外界的優質內容撰稿人（有時稱作「特約作者」）？是否應該聘僱優秀的撰稿人，再對他們灌輸商業知識？又或者應該聘僱熟知業界的專業人士，再傳授他們寫作技巧？你可以先考量以下幾項建議：

- **請記得，專業應該是輔助工具，不該是破局元兇**。比起教育其他人怎麼寫作或產製內容，協助對方熟悉你的事業肯定比較快也比較有成效。
- **聘僱合適的廣告、新聞、技術文件撰稿人、產製專家**。既然你已經花費大量時間擬定策略和流程，更應該釐清自己究竟需要哪一類撰稿人。你必須理解，廣告撰稿人和新聞撰稿人的工作形式和職業敏感度大相逕庭。如果你希望僱人撰寫部落格文章，廣告撰稿人可能就不是最佳選擇；另一方面，如果你希望彙整完成的白皮書可以更具說服力、達到呼籲行動的效果，廣告撰稿人也許就是你需要的人才。即使是影片製作，先確保團隊成員理解受眾也是極為重要的一環，尤其是當你沒有提供製作劇本的定稿。

- **培養適切的商業合作關係**。你必須了解商業合作關係的要素，並且確實記錄。你是否會每週推出一份內容，而你合作的撰稿人是否採每個月結算費用？如果是如此，那麼當一個月橫跨五週，你的應對之道為何？你會為多第五篇文章額外付費嗎？篇幅較短的貼文費用會比篇幅較長的貼文少嗎？
- 考量到企業的組織大小，你必須制定相應且明確的開出發票及支付款項期限，或是直接了解撰稿人的需求。此外，你也應該明定內容要求，不應該出現意外情況，像是部落格文章的篇幅從七百五十字暴增為一千字，或是內容主軸大幅離題等等。務必要在最終簽署的協議中明確規定上述事項，並且協調出便於使用的廠商發票開立系統。

你應該與自由內容創作者事先溝通的事項如下：

- 撰稿人計畫產出的內容為何，以及內容在內容行事曆上的排程。（必須明確約定交出草稿的期限，並為即時審閱進行規劃。）
- 產出內容應達到的目標（包含公司的目標以及受眾從中獲得的益處）。誰負責提出內容構想？如果自由工作者負責發想，請分別為提出構想以及完成內容設定不同的期限。自由工作者需要用到哪些專業知識或其他第三方資訊？他們會訪問內部人員、引進外部資訊，還是改編現有的素材？

- 公司預算（件數計費、小時計費、聘用訂金、或是聘用定金）。請務必要在協議中列出內容的份數，以及每份內容的預估長度。此外，比起改編現有素材的撰稿人，應該要支付更高的費用給有提出構想的撰稿人。
- 每份內容的修改次數。

目前市面上有不少出色的服務平台，可以協助你尋找合適的內容供應商，值得考慮的選項如下：

- ClearVoice
- Fiverr
- Upwork
- Textbroker

預算因素

在過去的發行出版業，自由工作者的價碼是每字一美元。現在，高品質和特殊類型的內容仍然可以取得相同價碼，例如的研究報告及白皮書，至於文章類的內容，有些內容服務的最低價碼僅有一字五角。針對影片服務，價碼有極大的差異，從每小時十五美元到兩百五十美元都有。

切記：一分錢一分貨。CMI已經有十分成功的聘用金模式：與一位自由工作者長期合作製作幾份內容資產，並且月撥款付費。通常雙方都會很滿意這項安排，在雙方都同意的工作範圍內，公司和自由工作者都可以更輕鬆的控制預算。

透過策展製作內容

BookBub專為使用者提供暢銷書的優惠或發行訊息，公司發現最佳的內容創作策略就是透過外部資源策展。Bookbub並沒有製作原創內容，而是利用現有書籍策展內容，並以電子報形式推出。這套策略效果顯著，目前Bookbub擁有數百萬名訂閱者，成為愛書消費者眼中最出色的資訊來源。

預先測試

既然人力市場上有如此大量的撰稿人才，就不必急於建立長期的合作關係，先請撰稿人創作幾篇故事作為測試，再觀察效果如何。試著自問：撰稿人的寫作風格是否達到你的要求？是否準時交稿？是否會主動在自己使用的社群網站分享創作內容？（有些撰稿人只會在符合書面協議的情況下將內容分享至自己的社群網路。）

如果撰稿人確實達到上述要求，雙方便可以開始長期合作。我見過太多行銷人員和發行人找到所謂的「大牌」自由工作者，卻在幾個月後宣告合作破局，雙方不歡而散。務必事先測試你想合作的對象，以免浪費時間。

嘗試搜刮版權頁

記得所謂的版權頁嗎？版權頁會記錄所有參與製作紙本雜誌的人員：作者、編輯、以及發行管理人。儘管現在版權頁較不常見，但並非完全絕跡，而且任何一則版權頁都可以對你的內容創業模式大有幫助，只是你必須知道正確的運用方式。

只要打開任何一本商情雜誌，或是瀏覽與你定位相同的網站，接著鎖定版權頁，這裡就是挖掘優秀撰稿人的金礦區。版權頁所記錄的作者（許多是特約形式）不僅熟悉你的客戶群，也能以出色技巧寫作實用且原創的內容。

版權頁除了列出撰稿人之外，也有編輯群名列其中，這些專業人士可以將尚未成形的內容，製作成引人入勝的故事，另外也有機會找到影片製作和SEO／社群媒體專家。

版權頁也有為受眾提供資訊的功能，例如列出各種發行及出版職位，也就是提升發行量、培養受眾、以及增加訂閱數等等的負責人。（另一個獲得客戶人口資訊的可靠來源，就是出版品的媒體資料袋〔media kit〕。）這些資訊有助於你鎖定目標訂閱者、培養雙方關係、最終讓消費者願意買單。有設計需求？版權頁也是很實用的參考樣本。

此時就是最佳時機。許多媒體公司和發行商的商業模式並不理想，加薪越來越遙不可及，而這正好為你的事業開啟了一扇大門。

與約聘人員合作

CMI大多數的員工都是採用約聘制，他們希望工作時間彈性，也希望生活中有更多選擇，一週不一定會工作四十小時。而我們也發現，人力市場上有許多出色的人才，他們追求的也是這種彈性。

二十年前，我剛開始投入媒體事業時，公司會約聘充滿創意的設計師以及自由新聞撰稿人，而且這些人才來自世界各地。我們必須採取這種招募方式，才能找到最優質的人力資源，順利完成特定的專案。

許多企業主要求員工負責全部的內容工作，一點也不擔心員工為其他公司效力，這些企業主認為培養公司風氣才是重點。以上方法可能適用於部分企業，但媒體產業的菁英絕對想要更多機會。1099式*的合作關係適用於大多數的情形，以CMI而言，在幾次特殊狀況下，如果沒有這類彈性的聘僱方式，我們根本就無法招募到合適的人才。

如何透過重製善用內容創業模式（亞尼・庫恩〔Arnie Kuenn〕著，《內容行銷工作》〔*Content Marketing Works*〕作者）

為內容行銷製作新的內容並不容易，首先要構思想法，接著要研究內容主題才能創作並宣傳。通常這套流程需要不少人力：廣告撰稿人、設計師、搜尋引擎最佳化專家、社群媒體行銷人員等等，導致內容創業銷成為一大筆投資支出。不過好消息是，優質內容可以經由重製化為全新且截然不同的成品，使你的投資成果得以持續累積。

一、內容重製的優點

內容重製指的是，透過轉換內容的觀點或形式，將既有內容改編得耳目一新。重製成為行銷策略的一環之後，可有效降低成本、改善產量、提升受眾觸及率，更能夠帶來各式各樣的其他益處，例如：

- **單一概念延伸應用於不同的內容。**舉例來說，熱門部落格文章這個主題，可以製作成投影片、影片、免費資訊指南、白皮書、Podcast等等，大致上就是如此。你針對單一原創內容所進行的研究，可以經由重製再次應用於其他的內容專案。
- **大幅減少內容創作時間。**既有內容的特定元素如圖片、引文或是文字，經過建檔或策展之後，便可以用於新作品之中。
- **服務多種類型的受眾。**有些人適合用視覺吸收新知，有些人則偏好閱讀文件；此外，有人喜歡研讀深度研究的文章，有人則追求用快速瀏覽部落格的方式吸收資訊。而只要透過內容重製，就能夠吸引不同內容偏好的受眾。例如，製作出一則出色的影片內容之後，影片逐字稿可以作為基礎素材，重製成部落格文章或供下載的PDF檔案等文字版內容。相同的道理，統計數據、事實、數字都可以透過資料視覺化的方式呈現，重製為資訊圖表或常見圖表。
- **交叉宣傳(Cross-promoting)內容。**經過重製之後，你的優質內容可以發表於各種傳播管道，達到交叉宣傳的效果。舉例來說，你可以在YouTube的影片資訊欄提供連結，連至相同主題的部落格文章、投影片、以及資訊圖表，此舉可以帶動網站或部落格的流量。而且這股目標流量有助於塑造品牌，也能夠提高吸引訂閱者的機率。

＊ 1099為美國稅表編號，適用於獨立約聘人員。

• **延長內容壽命**。市場的每日內容發行量如此之大，讀者容易時不時就錯過一則部落格文章或影片。不過，內容經過重製之後，你的受眾就有機會在不同的管道看見修改後的版本。此外，重製歷久不衰的內容，更可以延長內容生命週期，畢竟這份內容在未來數年可能都不會過時。

二、內容重製流程

在內容創作初期就開始擬定重製計畫，有助於提高腦力激盪和內容生產的效率，同時也可以確保重製流程順暢，與其他內容成品相輔相成。

請確實了解下列四個步驟：

1. **選擇一則故事**，接著開始思考故事可以用哪些形式呈現。在初步階段，一定要試著思考如何將單一主題改編為不同的內容類別。舉例來說，如果你的事業是經營太陽眼鏡店，行銷主題可能是「二〇二一年太陽眼鏡潮流趨勢」，雖然較為廣泛，還是可以作為許多內容專案的焦點。

2. **確定概括性的主題之後，思考如何改編主題並應用於不同的內容類別，目標是盡可能吸引多種類型的受眾**。以太陽眼鏡流行趨勢為例，你可以製作的內容類型可能如下：

• 部落格文章，主題是二〇二一年女性或男性太陽眼鏡的流行趨勢。

- 資料圖表，呈現將在二〇二一年大為流行的太陽眼鏡款式。
- 影片，訪問公司內部專家，討論二〇二一年的太陽眼鏡流行趨勢。
- 投影片，展示二〇二一年熱門太陽眼鏡款式的圖片與解說。
- 電子書，說明如何從二〇二一年熱門太陽眼鏡款式中，選擇適合個人臉型與風格的太陽眼鏡。

以上步驟都只是起步階段而已。以「二〇二一年太陽眼鏡潮流趨勢」這種廣泛的主題為例，很容易就能體會到，只要深入研究一個概念，便可以製作出不同類別的內容。儘管每一份內容的觀點都不同，改編方式也因為目標受眾不同而有差異，核心主題依舊相同。

3. **根據核心主題列出可製作的內容類型之後，開始投入研究，並且以第一份主題內容為出發點。**你應該從最適合改編的內容類別著手，如果你最先製作投影片，可以輕易將內容重製成資訊圖標嗎？影片的逐字稿可以改寫成部落格文章嗎？製作第一份內容需要花費最多心力，因為必須完成大量的研究與開發工作，不過針對第一份內容的研究一旦完成，你就能夠無後顧之憂的運用研究發現，在未來製作出其他類型的內容。
4. **第一份內容完工之後，試著利用你的研究發現和內容的其他元素，創作出新的內容作品。**也許在重製過程中，你會需要針對特定問題深入研究，不過大部分的棘手工作都已處理完畢。

三、內容的最大效益

簡而言之，內容重製是非常有效率的做法，你所製作的優質內容可以因此發揮最大效益。只需要一個核心概念，便能衍生出大量的內容作品，而每一類內容都分別以不同方式吸引不同的受眾。重製的流程可以為你省下時間與金錢，你在初期為內容行銷所作的投資，也能持續發揮作用，你的投資更因此成為極為成功的策略。

協同發行模式

最佳實例

麥可．施特茨納（Michael Steizner）寫到創立社群媒體行銷教育網站「社群媒體考察家」（Social Media Examiner）的過程：

我和幾位交情頗深的朋友見面之後，決定問他們願不願意每個月寫一篇文章，寫到沒興趣為止。

於是我們五個朋友真的開始每個月寫一篇文章，接著有位志願者出現了，於是這位朋友開始成為我的免費編輯，她在幕後工作，負責把所有文章放上WordPress。

我必須說，才剛開始幾週，這個計畫就一飛沖天，我們在兩個半月內，累積了一萬名電子郵件訂閱者。

下列企業有什麼共同點：《富比士》、CMI、社群媒體考察家（Social Media Examiner）、Copyblogger、HubSpot、行銷專家（MarketingProfs）、《哈芬登郵報》、以及馬沙布爾公司（Mashable）？

這些企業都採用協同發行模式。除了擁有一組核心人馬，由企業聘僱的文字工作者及新聞撰稿人組成之外，這些品牌也會拓展自身的社群，嘗試招募和徵求相關領域的內容，再將內容登上公司的平台。

還有一點：這些企業都極為成功！

為何需要考量協同發行？

協同發行商業模式指的是，創業家或企業主動招募外界的撰稿人，合作打造平台並培養受眾。平台完成且有一定成果之後，企業會持續提供相同的合作機會，吸引思想領袖和社群專家加入，填補企業內容製作流程中的不足之處。

協同發行的好處之一，是補足你難以自行或聘用自由工作者經營的內容領域，除此之外，這套模式最大的優點，是能夠吸引新受眾關注你的內容。撰稿人都各自擁有粉絲和訂閱者，而只要方法正確，你就可以把這群人變成你的受眾。

許多傳統媒體公司只讓受聘人才有表現機會，並不鼓勵社群成員貢獻故事，而這正是你的大好機會。

二〇〇五年數名投資者創立網站《哈芬登郵報》，其中一位就是美國左派評論家亞利安娜·哈芬登（Arianna Huffington）。二〇一一年美國線上公司（AOL）以超過三億美元買下《哈芬登郵報》，現在《哈芬登郵報》則是Verizon媒體網路最重要的事業之一。

《哈芬登郵報》旗下有數百個以小眾為目標的網站，由來自全球數以千計的撰稿人免費發表內容，以換取發行內容的機會，這正是協同發行模式。當然，《哈芬登郵報》也有聘僱一些優秀的新聞撰稿人、文字工作者、內容製作人等，但讀者在網站上看到的大部分內容，都是由社群內的思想領袖和活躍成員製作而成。

合作流程

尋找適合協作模式的撰稿人有不少方法，不過這套模式要成功，合作流程和人才一樣重要。

首要之務是針對撰稿人設定嚴格的準則與要求，如果你沒有嚴加把關網站上的內容，絕對無法成為市場定位中的首要資訊專家。

固定與數名撰稿人合作後，整個流程可能會變得極度複雜，此時一定要與撰稿人保持順暢溝通。當有人詢問是否有機會在你的網站發表文章，你應該採取下列步驟：

- **電子郵件一**。確認收到撰稿人交出的內容，並告知對當整體流程的大略時程。
- **電子郵件二**。通知對方稿件獲採用或者遭退回。若是確認採用，通常會請撰稿人修改內文。
- **電子郵件三**。寄送文章預覽檔。文章定稿並且進入發行流程後，部落格編輯會寄送文章的預覽檔案，同時也會告知可能的發布日期，以及作者可以與其受眾分享文章的方式。
- **電子郵件四**。向撰稿人轉告部落格留言。關於文章的第一則留言出現後，部落格編輯或社群媒體經理便會轉告作者，並且請作者參與回覆。（部分撰稿人不會讀留言，因此你可能需要事前提醒他們注意關於文章／內容的留言）。
- **電子郵件五**。寄送熱門文章通知。如果文章的效果十分理想，你應該要告知作者並且保持聯絡，意謂這位撰稿人是可用之才。將來你可能會希望這位撰稿人再寫作另一篇文章，甚至是希望與他定期合作。

第五部　培養受眾群

想成就大事，唯有從小事做起，才能有效縮短兩者距離。

————————————丹尼·埃尼（Danny Iny）*

選擇內容平台，並且針對目標受眾規劃合適的內容與發行時程之後，下一步是建立完備的系統，為公司培養出極具價值的訂閱者群。

第十三章 驅動模式的指標

> 當你只對「一個目標」盡全力喊出「好！」並且對其他目標主動說「不！」，令人難以置信的成果就有可能實現。
>
> ——蓋瑞．凱勒（Gary Keller）

儘管活動指標是衡量內容成效的重要方式，你最終的目標仍然是爭取並留住受眾，這一點絕對不會改變。專注於這一點，會是你成功的關鍵。

▲如果你已經充分掌握這個概念，請直接跳至下一章。

＊註：Mirasee公司創辦人，多本暢銷書作者。

現在你已經選擇好內容類別和平台，應該將焦點放在唯一且明確的指標之上：訂閱人數。夜晚入睡前，你該思考的是如何吸引訂閱者；早晨清醒後，烙印在腦中也應該是訂閱者一詞。唯有長期培養忠實受眾成為訂閱者，內容創業模式才有成功的機會，如此而已。

這表示無論你選在哪裡培養內容創業模式的受眾群，你都需要提供電子郵件服務。就如《品牌聯合》(*Brandscaping*)的作者安德魯・戴維斯(Andrew Davis)所說的：「專注於建立訂閱者資料庫，就等同於建立客戶資料庫，只是現在訂閱者還尚為成為真正會消費的客戶。」

就像訂閱Netflix或(舊時)訂閱報紙一樣，你的目標是透過內容傳遞極為實用的價值，讓受眾願意用部分個人資訊換取(電子郵件地址、住家地址等等)。你的事業和Netflix只有一點不同之處：你提供免費內容，而此舉是為了在後期利用客戶關係創造收益。

膠帶行銷術(Duct Tape Marketing)創辦人約翰・詹區(John Jantsch)也同樣採用內容創業策略，並應用於經營社群部落格以及出版系列書籍，打造出價值數百萬的顧問諮詢事業。約翰恍然大悟的關鍵時刻，就出現在二〇〇〇年代早期，當時他開始在網站加上「訪客簿登錄」欄位。約翰不僅觀察網站流量的分析數據，更著手建立訂閱者資料庫，而正是這些訂閱者構成他的顧問事業人脈網，讓約翰得以在創業過程中，打造出價值數百萬的平台。

《今夜秀》(The Tonight Show)*主持人吉米・法倫(Jimmy Fallon)幾乎已經是媒體界的訂閱數之王。每集節目播出後，製作單位會把數則不同的節目片段分享至社群媒體，目的就是提升(你猜的沒錯)訂閱人數。在每一則影片的結尾，吉米・法倫會以各種幽默的方式，提醒觀眾訂閱頻道。

案例分析：夏洛特・拉貝（Charlotte Labee）

前荷蘭環球小姐夏洛特・拉貝在二〇一五年短暫成名之後，陷入難以維持生計的困境。幾個月後，夏洛特身上出現嚴重的健康問題，因此發現一種叫做「右腦平衡」（right brain balance）的狀態。夏洛特表示：「我們的行為、學習、飲食，全都是取決於大腦以及大腦的組成方式。大腦是人體系統的基礎，當我明白這一點，就忍不住覺得：『太神奇了，為什麼學校不教這些？』如果我們的大腦不平衡，我們根本無法應對周遭的種種變化。」

夏洛特把心力集中在探討這個問題，並將她的Instagram頻道專門用於發表大腦健康的相關內容。在三年內，頻道規模大幅成長，吸引超過五萬人訂閱。夏洛特現在得以成功的關鍵是什麼？她的每週電子報在兩年內累積超過兩萬五千名訂閱者。此外，她的成就還包括多本書籍的出版合約、演講活動以及大受歡迎的入口網站「大腦平衡」（Your Brain Balance）。夏洛特的成功關鍵顯而易見：電子報促成了有效的收益模式。

* 譯註：台灣電視台將此節目重新命名為《吉米A咖秀》。

世界快速拼布之都（引用自安德魯・戴維斯）

如果你對拼布沒什麼興趣，可能從來沒聽過密蘇里州的漢彌爾頓鎮（Hamilton）——世界拼布之都。漢彌爾頓之所以有這個稱號，要歸功於一位務實又親切的拼布店主，以及她的客製化YouTube拼布教學影片。珍妮・都安（Jenny Doan）是密蘇里之星拼布公司（Missouri Star Quilt Co.）的共同創辦人，這是一間位在漢彌爾頓的拼布店，供應號稱全球最多的預裁布料種類。

在經濟大衰退時期，漢彌爾頓受到嚴重衝擊。住在當地的珍妮以及榮恩・都安（Ron Doan），長期依靠榮恩在《堪薩斯城市之星》（Kansas City Star）報社擔任技師的薪水，扶養七個小孩長大。當時許多居民面臨失業，珍妮和榮恩的孩子也開始擔心父母的經濟狀況。珍妮為了避免無事可做，開始為親友縫製拼布，儘管她平時也會組合布料縫製出美麗的拼布作品，珍妮還是需要人手幫忙用長臂縫紉機加上鋪棉——也就是拼布的填充物。拼布的需求量實在太大，導致珍妮可能需要花上九個月至一年縫合已鋪棉的布料，此時，珍妮的兒子艾爾萌生了一個想法。

艾爾和姊妹莎拉共同投資兩萬四千美元，購入一台長臂縫紉機、十二捲布料、以及一間位在漢彌爾頓的建築作為營運場所。都安一家人花費兩年經營這項事業，卻一毛錢也沒有帶回家。在一個僅有一千八百人的小鎮，讓事業有所成長並不容易，於是艾爾決定架設網站。不過就如我們所知，就算架設網站，也不一定有觀眾。

都安一家人知道，有特色才能吸引網站訪客和提升線上銷售率，於是艾爾建議珍妮在YouTube推出拼布教學影片。珍妮在鏡頭前展現出自然又迷人的個性，加上艾爾純熟的幕後製作能力，密蘇里之星拼布公司的YouTube頻道就此開播。

頻道在第一年吸引了一千名訂閱者，第二年增加至一萬名，現在的訂閱人數更是超過六十五萬人。珍妮的三百五十多部教學影片觀看次數已經累積到超過一億，而這些影片成功將流量帶至官方網站，創造平均每日兩千筆交易的銷售量，讓密蘇里之星拼布公司成為全球最大的預裁布料供應商。珍妮會收到來自世界各地表達支持的電子郵件，從飽受戰爭之苦的伊朗、到南非、到整個美國，珍妮大受各地的粉絲歡迎。

都安一家未必知道這間公司未來會如何發展，尤其當Covid-19疫情重創小鎮。他們只是全心製作最優質的拼布，為顧客提供最好的產品。在他們生產一塊塊拼布的同時，他們改變了許多人的人生，也重建了一座小鎮。

這個故事和電子郵件有什麼關係？當初珍妮在YouTube奠定內容創業模式的基礎時，密蘇里之星拼布公司透過非公開論壇招收了五萬名會員。那麼要如何成為這個社群的一員呢？沒錯，就是電子郵件地址。

對了，還有最後的爆點：根據《富比士》雜誌，密蘇里之星拼布公司在二〇一九年的營收超過四千萬美元。

訂閱者重要性排序

我們在前文討論過，你的目標就是累積內容資產，但要在你握有最多控管權的平台，在吸引理想的受眾時更時如此。儘管擁有任何形式的粉絲、追隨者或訂閱者都是好事一件，他們的價值未必相同。

舉例來說，假設你選擇在Facebook建立內容平台，長期以來，你已經透過事業或Facebook社團吸引五萬名「粉絲」。

過去幾年來，Facebook大幅更動平台制度，目的是隱藏粉絲專頁中的特定文章，例如：

- 單純向讀者強迫推銷產品或安裝應用程式的貼文。
- 無緣無故強迫讀者參與促銷和抽獎活動的貼文。
- 與廣告內容完全相同的貼文。
- 將使用者導向外部網站的貼文。

儘管此舉是Facebook商業模式下的合理做法，但也意謂著Facebook有權隱藏特定貼文。從二〇一六和二〇二〇年美國大選的經驗可以得知，Facebook使用者會看到為自己量身打造的動態消息。Facebook握有控制權，可以決定要不要顯示你分享的內容。

根據Netflix紀錄片《智能社會：進退兩難》（The Social Dilemma），Facebook的演算法會強化內容消費，無論是真實內容還是錯誤資訊。這套演算法的目標是增加互動率，而為了實現這個目標，系統會顯示任何有助於促進互動的內容。

受到演算法的影響，有些企業經歷過Facebook貼文自然觸及率（沒有付費的流量）跌落至百分之一或更少的狀況。另一方面，克里夫蘭醫學中心前內容行銷總監史考特・萊納巴格（Scott Linabarger）表示，有些貼文在Facebook的自然觸及率仍然很亮眼。其實這些都並非重點，你當然應該盡量善用Facebook，但你也必須理解，有權控制最終觸及率的一方是Facebook，而不是你。

在分析數位足跡和培養受眾的過程中，你必須把重心放在訂閱者排序的最高點（請見圖13.1）。簡而言之，這個排序取決於以你可以控管平台程度，以及你與粉絲及訂閱者的溝通方式。

圖13.1　各類訂閱者的重要性並不相同，如果可以自由選擇，電子郵件訂閱者終究會是最具價值的選項，因為可控管的程度最高。

從上到下，圖中的排序對象包括：

- **會員**。包括現有的線上培訓內容或非公開社群團體／論壇的會員，你可以透過提供服務而取得客戶的電子郵件地址。這種類型的訂閱者最無敵。
- **電子報訂閱者**。控管程度高，極為實用且有價值的電子報內容，可以幫助你在競爭者中脫穎而出。
- **紙本出版品訂閱者**。訂閱者通常願意以大量的個人資訊換取紙本雜誌或通訊。完全無法即時溝通，也較難取得回饋意見。印刷及郵寄費用導致支出龐大。
- **Podcast 訂閱者**。可以完全控制要發布的音訊內容，但 Apple Podcasts、Spotify、Overcast 和 Stitcher 不會告知你訂閱者的資訊。
- **Twitter 粉絲**。可完全控管發送給粉絲的內容，但一則訊息的存續時間有限，可能會難以定期與受眾接觸。
- **YouTube 訂閱者**。可以控管部分內容，然而如果訂閱者與你的內容互動不足，Youtube 可以選擇向訂閱者減少播放你的內容（稱之為「訂閱者損害」〔subscriber burn〕）。
- **LinkedIn 人脈**。可完全控管發送給追隨者或人脈的內容，但管道本身已十分飽和，所以透過長期發送訊息可能較難有所突破。LinkedIn 的演算法會顯示互動率高的內容，因此成效不佳的內容可能難以被看見。
- **Instagram 粉絲**。可完全控管自己發布的內容，但 Instagram 的演算法會顯示互動率高的內容（再次意味著你的內容可能難以被看見）。

- **Twitch追隨者**。幾乎是專門用於實況直播電動遊戲。長時間在平台上遊玩對的遊戲，就有可能吸引到追隨者。（平均實況時間是每一段直播三至四小時。）
- **Pinterest訂閱者**。可完全控管推出的內容，只要使用者願意，就可以看見你提供的內容，但平台的最終控制權不在你手中。
- **TikTok粉絲**。目前TikTok擁有全球最頂尖的演算法。優質內容可以有良好成效，即使你的粉絲人數不多。
- **Snapchat追隨者**。Snapchat使用者一天的使用時間超過三十分鐘，而且一天會開啟這款應用程式二十五次。如果你的目標受眾年齡層較低，建議你測試看看。
- **Reddit追隨者**。Reddit社群對平台極為忠誠，持續張貼實用的內容有助於培養追隨者。Reddit很適合當作次要訂閱者選項。
- **Facebook粉絲**。Facebook經常修改演算法，這就是你控制範圍之外的因素。雖然優質、實用、且有趣的內容，觸及率可能會較高，粉絲是否會看見你的內容還是取決於演算法。一般的推銷型內容幾乎都會遭到Facebook阻擋。

儘管特定的訂閱形式可以提高你的控管程度，但正如《閱聽者》（*Audience*）作者傑夫・羅爾斯（Jeff Rohrs）斷言，並沒有任何一間企業可以「擁有」受眾：「受眾之所以分散各處，就是因為受眾並不是所有物。無論是大型電視網、流行巨星、或是有瘋狂支持者的職業運動隊伍，都無法完全擁有受眾。受眾隨時可以選擇拋下一切離開，在心態或現實層面都是如此。」

這正是為何無論你選擇利用哪一種訂閱形式，出色、實用、且有意義的內容，才是唯一能長期連結我們與受眾的關鍵。

電子郵件服務不可或缺

不論你是YouTube名人或泳池清潔工，都必須透過電子郵件內容吸引訂閱者。BuzzFeed是新興的媒體娛樂與新聞網站，主要是透過Facebook與Twitter的社群分享崛起。儘管Facebook和Twitter的訂閱者對BuzzFeed也十分重要，BuzzFeed仍在網站的每個頁面推

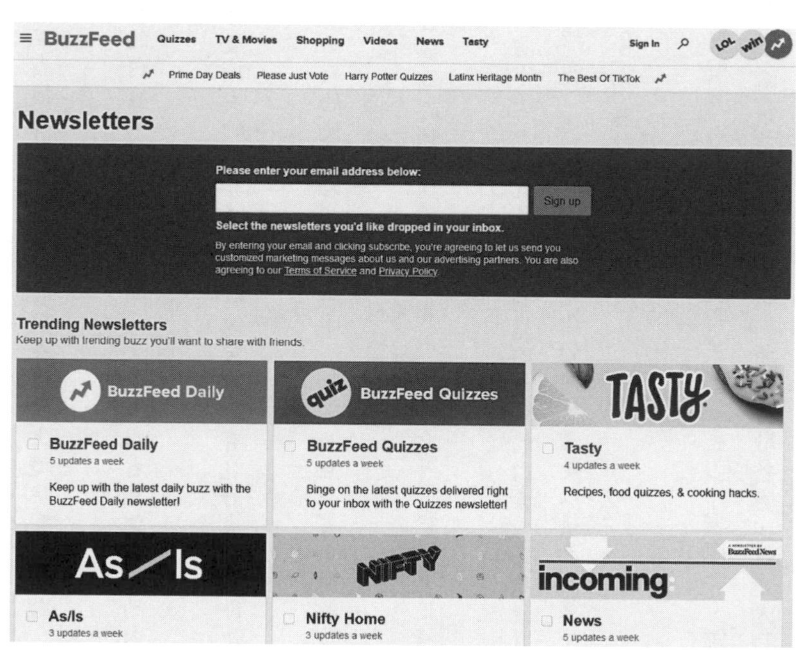

圖13.2 BuzzFeed的商業模式以電子郵件為基礎運作。

薦訂閱每日電子報（圖13.2）。目前，BuzzFeed的商業模式是仰賴電子報訂閱運作。

接著要討論的是內容創業模式範例是「教學幫手」（TeachBetter.com，圖13.3）。儘管品牌在Facebook、Twitter、Linkedin、YouTube、Instagram和Pinterest頁面上都有提供訂閱方案，但大部分的資源還是投入提供免費課程、報告和範本，以換取教師的電子郵件地址。

運用內容創業策略的過程中，你必須利用電子郵件提供服務，內容可以是下列類型：

- 每日電子報，內容改編自你的原創部落格。
- 每日電子報，策展網路上最優質的資訊。

圖13.3「教學幫手」免費贈送數百種課程與電子書，以鼓勵使用者提供電子郵件地址。

- 每週電子報或每週報告，提供業界獨到觀點。
- 每月報告，與受眾分享新鮮有趣的想法。

過去幾年間，（付費或免費的）非公開會員團體變得十分熱門。二〇一一年喬・哈格（Joe Hage）為了推動醫療行銷溝通事業，在LinkedIn建立醫療器材團體（Medical Devices Group），短短幾年內就發展成有超過三十萬名成員的社團。二〇一八年，LinkedIn開始變更社團擁有者的權限，例如不能再向成員傳送電子郵件。

喬表示：「為了保有（LinkedIn）社團的價值，我在Slack上建立了名為MDG（Medical Devices Group）的工作空間。我把訂閱者視為未付費的客戶。」透過Slack群組，喬能夠直接與「會員」交流，其中大多數人都是透過Slack向他支付小額月費，而他也不再需要擔心LinkedIn的任何變更。

電子郵件互動

當我對其他人說，除非有什麼重大轉變，否則電子郵件仍然是最佳的訂閱選項時，他們通常會不以為然。他們會告訴我每天收到多少垃圾郵件，以及他們打開收件匣後刪除了多少電子報。

於是我會說：「你的確是會收到很多垃圾郵件，不過難道沒有一、兩則電子報是必讀的嗎？有沒有一、兩封電子郵件你一定會讀，絕對不會想刪除？」

他們被我說服後，我會接著說：「你也可以做出這樣的電子報。」

安．漢德利已經將這種方法應用在她的熱門電子報《安的完全無政府狀態》（*Total Annarchy*）。她表示：「我不是在和觀眾溝通的品牌，我是安，這是人與人在溝通。」安說得沒錯，企業要是再繼續傳送沒有影響力的電子郵件，一定會不斷失去受眾。

訂閱者經常會因為和安有過互動，而選擇註冊並與同事分享她的電子報。「每當有人訂閱我的電子報，他們會收到一封我傳送的自動生成電子郵件，詢問他們『你為什麼訂閱，你希望在這裡學到什麼？』我會追蹤這些回覆，來釐清訂閱者對我的期望，進而產出符合他們需求的內容。我很喜歡看大家是怎麼回覆這些問題，知道他們是誰以及來到這裡的原因。然後我會回信，收信人的反應通常都是『什麼？我的天啊！』」

自動回覆功能的重要性

大多數的電子郵件程式都附有自動回覆功能，也就是根據訂閱者行為自動產生的電子郵件。大多數的自動回覆郵件是用在初次訂閱之後。舉例來說，可能是產生一封「歡迎加入社群」的信件。有時候，這類電子郵件的開信率相當高，所以你要好好運用。

我見過最出色的自動回覆郵件是來自商業與科技電子報《晨間快訊》（*Morning Brew*）。大約有三週的時間，我很熱衷於閱讀這份電子報。後來我收到《晨間快訊》執行長的電子郵件，如圖13.4所示。像這樣的策略不需要花很多心力，但需要確實規劃。

其他可以提升訂閱數的機會包含：

- 在初期，只需要請使用者提供電子郵件地址，或是提供姓名及電子郵件地址即可。一開始就要求使用者提供過多資訊，會導致你難以累積訂閱人數。
- 透過網站及社群平台建議受眾訂閱你的內容。
- 將訂閱連結放在電子郵件簽名檔的頁尾，全公司都應如此。
- 千萬要避免強迫潛在訂閱者用十五種不同的方式進行互動，這會倒置行銷活動雜亂無章。只要專注於經營電子郵件服務，並且在你的網站和社群管道上，運用任何合理的空間進行宣傳。

圖 13.4 《晨間快訊》會向開啟過一定數量電子郵件的訂閱者傳送自動化電子郵件內容。

【參考資料】

Interviews by Clare McDermott:

Joe Hage, August 2020.

Ann Handley, August 2020.

Rohrs, Jeff, Audience: Marketing in the Age of Subscribers, Fans and Followers, John Wiley & Sons, 2013.

The Social Dilemma, Netflix, released 2020.

第十四章
最大化尋獲度

真正的快樂源於發現，而非了解。

——以撒・艾西莫夫（Isaac Asimov）*

雖然提升內容的尋獲度並不需要高深的技術，大多數的企業卻沒有落實一些必要的小步驟，以提升在搜尋引擎和社群媒體的能見度。

▲如果你已經充分掌握這個概念，請直接跳至下一章。

* 著名科幻小說與科普書籍作家。

前Google搜尋專家麥特・克特斯（Matt Cutts）曾表示：「我堅信接觸受眾的方式應該要多元。所以相較於單單仰賴Google，比較有利的方法會是經營各式各樣的管道，你可以透過這些管道接觸群眾，並且將流量引導至你的網站，你也可以藉此達成任何目標。」

根據CMI與「行銷專家」合作執行的內容行銷指標研究，史無前例，有越來越多行銷人員將重心放在內容行銷，為什麼？大大小小的企業投入大量資金製作內容，卻發現無人關注這些內容。如果沒有明確的內容尋獲度（Findability）策略，你就只是持續毫無計畫的製作內容。

善用搜尋引擎最佳化

內容得以出現在搜尋引擎結果，就是內容尋獲度的巔峰。菲利普・沃納（SectionHiker.com）就表示：「Google仍然是我獲取受眾的主要來源。」

內容創業模式成功的要件之一，就是時時專注於搜尋引擎最佳化。我們剛創立CMI時，我認為如果能夠理解搜尋引擎最佳化的基本原則，並且依此創作出有價值、可分享的內容，這些內容就能夠出現在自然搜尋的結果排名。儘管CMI網站的大部分流量皆源自搜尋引擎，但是當我們更嚴謹的執行搜尋引擎最佳化之後，不僅CMI出現在搜尋結果的次數達到雙倍，整體事業也在過程中成長雙倍。除此之外，大多數新的訂閱者都是來自搜尋引擎，而不是其他資訊來源。顯然，搜尋引擎最佳化足以影響你的存亡。

- **關鍵字「鎖定清單」**

CMI每個月會重新檢視一次公司的五十大關鍵詞組「滾動式清單」(例如「內容行銷」或「如何進行內容策展」等)。我們會觀察每項詞組的Google搜尋結果中CMI的排名(請見圖14.1),並且比較自己與競爭者的表現,接著判斷CMI從前一個月至目前的結果排名趨勢(進步或退步?)。

你的目標是透過每一個內容頁面提升訂閱人數,把所有網頁都視為登陸頁面(landing page),並且觀察流量最高的頁面,藉此擬定策略提升特定網頁的流量,以及提升讀者成為訂閱者的轉換率。

那麼我們要如何針對這個概念擬定策略?網路行銷教練(Online Marketing Coach)創辦人麥可·莫瑞(Mike Murray)會解釋如何整合搜尋功能及內容創業模式。

如果你的網站流量有半數都是源於自然

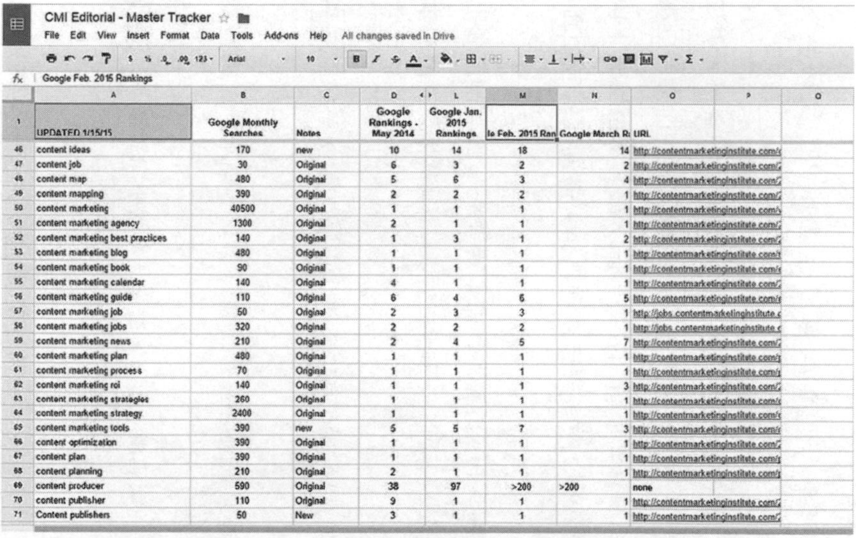

CMI Editorial - Master Tracker

File Edit View Insert Format Data Tools Add-ons Help All changes saved in Drive

fx Google Feb. 2015 Rankings

	A	B	C	D	L	M	N	O
1	UPDATED 1/15/15	Google Monthly Searches	Notes	Google Rankings - May 2014	Google Jan. 2015 Rankings	le Feb. 2015 Ran	Google March R	URL
46	content ideas	170	new	10	14	18	14	http://contentmarketinginstitute.com/
47	content job	30	Original	6	3	2	2	http://contentmarketinginstitute.com/
48	content map	480	Original	5	6	3	4	http://contentmarketinginstitute.com/
49	content mapping	390	Original	2	2	2	1	http://contentmarketinginstitute.com/
50	content marketing	40500	Original	1	1	1	1	http://contentmarketinginstitute.com/
51	content marketing agency	1300	Original	2	1	1	1	http://contentmarketinginstitute.com/
52	content marketing best practices	140	Original	1	3	1	2	http://contentmarketinginstitute.com/
53	content marketing blog	480	Original	1	1	1	1	http://contentmarketinginstitute.com/
54	content marketing book	90	Original	1	1	1	1	http://contentmarketinginstitute.com/
55	content marketing calendar	140	Original	4	1	1	1	http://contentmarketinginstitute.com/
56	content marketing guide	110	Original	6	4	6	5	http://contentmarketinginstitute.com/
57	content marketing job	50	Original	2	3	3	1	http://jobs.contentmarketinginstitute.
58	content marketing jobs	320	Original	2	2	2	1	http://jobs.contentmarketinginstitute.
59	content marketing news	210	Original	2	4	5	7	http://contentmarketinginstitute.com/
60	content marketing plan	480	Original	1	1	1	1	http://contentmarketinginstitute.com/
61	content marketing process	70	Original	1	1	1	1	http://contentmarketinginstitute.com/
62	content marketing roi	140	Original	1	1	1	3	http://contentmarketinginstitute.com/
63	content marketing strategies	260	Original	1	1	1	1	http://contentmarketinginstitute.com/
64	content marketing strategy	2400	Original	1	1	1	1	http://contentmarketinginstitute.com/
65	content marketing tools	390	new	5	5	7	3	http://contentmarketinginstitute.com/
66	content optimization	390	Original	1	1	1	1	http://contentmarketinginstitute.com/
67	content plan	390	Original	1	1	1	1	http://contentmarketinginstitute.com/
68	content planning	210	Original	2	1	1	1	http://contentmarketinginstitute.com/
69	content producer	590	Original	38	97	>200	>200	none
70	content publisher	110	Original	9	1	1	1	http://contentmarketinginstitute.com/
71	Content publishers	50	New	3	1	1	1	http://contentmarketinginstitute.com/

圖14.1 CMI會追蹤五十大關鍵字的滾動式清單,以及各關鍵字的當前進度。

搜尋，另一半的流量來自何處？你可以考慮在內容創業模式中納入下列幾種方法。

選擇搜尋引擎最佳化關鍵字的十二種訣竅（「網路行銷教練」創辦人麥可・莫瑞著）

小型事業的企業主和創業家若想利用搜尋引擎流量培養受眾，就不該毫無頭緒的選擇關鍵字。

企業主選擇關鍵字時往往過於隨意，當然偶爾也能做出不錯的選擇，不過他們又是多頻繁的讓努力付諸流水？

好消息是，即使沒有搜尋引擎最佳化策略，長期製作內容還是可以吸引部份來自搜尋引擎的訪客。只要利用關鍵字，你的內容就會出現在搜尋結果排名，因為搜尋引擎的演算法十分重視內容。

然而你不該立下不切實際的目標，並不是所有頁面或部落格文章都能幫助你登上Google搜尋（或其他搜尋引擎）首位。選擇每月搜尋次數達到一萬的關鍵詞組，也許對你而言競爭太過激烈，不過只要付出一點努力，你還是可以利用搜尋引擎最佳化策略取得更多優勢，

當你在考量新內容該使用哪些關鍵字時，可以參考下列的步驟清單。另外也別錯過更新公司相關舊文章和頁面的機會。

一、**是否已充分利用關鍵字搜尋資源？**你可以先嘗試Google網站管理員（Google Search

Console）、Google搜尋趨勢（Google Trends）、Soovle、Serpstat、關鍵字工具（Keyword Tool）和Ubersuggest。另外，即使你不打算在Google上刊登廣告，也該申請一個Google AdWords帳戶，以便使用關鍵字規劃工具（Keyword Planner）。其他的付費工具包含SEMrush、Moz Keyword Explorer、Wordtracker、KWFinder和Ahrefs Keywords Explorer。而我個人經常使用的資源則是SEMrush，這個網站會推薦你沒有思考過、但可能有用的關鍵字。SEMrush可分析其美國資料庫中超過兩億筆的關鍵字，其中也包含其他競爭者的資料。幾分鐘之內，SEMrush就能為我整理出一份有三萬多筆關鍵字的Excel工作表（有助於發想內容）。

在列出關鍵詞組清單時，一定要注意搜尋次數，有時你可以選擇使用在Google每個月搜尋次數達到一千的關鍵詞組，但也許大多數時間，你會想選擇競爭較不激烈的關鍵詞。就我而言，每月搜尋次數僅有五十次的關鍵詞組仍可以考慮使用。許多企業銷售的產品或包年服務要價一萬、兩萬五、或五萬美元以上。每月搜尋次數有五十次的關鍵詞組也許就是勝負關鍵。

請記得，每個網站都有甜蜜點：你的網站有可能取得最佳排名的排名區。您可以將關鍵字排名與相同關鍵詞的平均Google搜尋量建立關聯性，來找到這個甜蜜點。換句話說，假設關鍵字的每月搜索量為一百至五百次，而你通常排在這個關鍵字Google搜尋結果的前十名，那麼這就是你的甜蜜點。何必把大量時間投入在搜尋次數更多的關鍵字呢？不如就鎖定落在你打擊範圍內的關鍵詞組。

二、**關鍵詞組是否與主題相關？**你所採用的關鍵詞組是否確實適用於產品、服務、以及目標受眾？務必要選用明確的關鍵字。請注意，你所觀察到的關鍵字搜尋記錄可能含有不常見的字詞組合，例如：「足球球衣年輕人」，這類關鍵字組合確實會出現在搜尋排名中，不過你還是必須依照正常的句子結構調換詞序，才能使用在內容中。在特定情況下，你也可以試著交替使用不同的關鍵字寫法，但避免在同一頁面替換使用，「swing set」和「swingset」便是一例。*

搜尋功能使用者的意圖也會影響到相關性，例如包含「購物」和「什麼是……」等詞語的關鍵詞組，可能意味著使用者即將要購物，或者只是單純在尋找資訊。

三、**是否要以付費搜尋廣告的方式購買關鍵字？**如果你打算投資付費搜尋廣告（每點擊付費〔pay per click〕），廣告的績效資料會是很有效的判斷標準，但投注金錢在點擊數上，還是無法保證你的小型事業能夠自然而然成功，僅有部分關鍵字可能會發揮效果。分析轉換次數之後，也許你會發現同時採用付費與自然搜尋是最理想的做法。也請先研究競爭者在付費搜尋廣告買了哪些關鍵字，可以運用的工具包括SEMrush、SpyFu和iSpionage。

四、**內容是否已經登上關鍵詞組排名？**你的內容排在前十、前二十、前三十、又或是遠遠落在第九十九筆搜尋結果？不妨利用SEMrush、Advanced Web Ranking以及Moz等工具幫助你蒐集排名數據。「企業搜尋引擎優化平台：一個行銷者的指南」（Enterprise SEO Platforms: A

Marketer's Guide)第十版報告介紹了各種平台，有助於你管理、追蹤、以及善用上千筆關鍵字(儘管其中有些服務十分昂貴，但也有一些方案屬於可負擔的範圍)。

五、**新頁面能否適切運用關鍵詞組？**儘管搜尋引擎可以辨別主題或概念，你的優質內容還是必須含有精心設計的關鍵詞組。同時，搜尋排名也會大幅受到頁面標題(title)、頁面標頭(header)、從其他網站的入站連結以及其他種種因素影響。

六、**關鍵詞組為網站增加了多少流量？**不幸的是，Google自二〇一一年開始加密，因此Google Analytics會隱藏實際的關鍵詞和詞組，不過你可以從Google Search Console獲得相當多資料。我也會追蹤Google Analytics中的熱門登陸頁面，並與SEMrush中的自定排名資料進行比較，以掌握關鍵詞組的表現情況。也許有些使用者搜尋了「克里夫蘭會計事務所」，此時你就可以考慮在現有內容或新頁面上，加入「位於克里夫蘭的會計事務所」或是「俄亥俄州克里夫蘭註冊會計師事務所」等文字。

我習慣觀察在搜尋引擎排名較高的網頁如何運用多個關鍵詞組，例如單一頁面可能同時含有「冷氣和暖氣達拉斯」以及「達拉斯的冷暖氣」等文字。然而，你可能需要建立新的網頁，專門經營這類新的關鍵詞組。

七、**是否確實微調關鍵字組合？**即使關鍵字組合已經確定，你也應該持續評估其效果，對關鍵

* 若以中文關鍵字為例，比較類似「溼地」與「濕地」兩者的關係。

字的新想法、產業趨勢、競爭情況、分析數據、出現在社群媒體的關鍵字、以及其他資源都應該多加考量。此外，只是蒐集並記錄關鍵字還稱不上準備充分，你也應該思考如何以不同方式表達相同的字義。

八、**關鍵詞組（或意義相近的詞組）是否已轉換至銷售量或註冊頁面？**追蹤關鍵字的成效時，你可以利用網站分析資料以及轉換漏斗（conversion funnel）分析法*，其中也涵蓋電子商務（將關鍵字及登錄頁面連結至產品銷售）。部份企業則是利用電話追蹤服務**取得更深入的分析數據，CallFire、CallRail、Marchex等公司都有提供這項服務。

九、**頁面是否含有呼籲行動文案？**如果你希望關鍵詞組能在內容創業策略中發揮作用，網頁一定要有吸引人的呼籲行動文案。網站訪客能否撥打免費電話、索取試用品、下載指南、或是詢問詳細資訊？

十、**是否有相關頁面可支援內部連結策略？**單一頁面的確有可能登上搜尋排名前段班，不過有時候，創建多個相關頁面效果更佳，此時搜尋引擎會判斷你的內容著重於相似的關鍵詞組合。你可以在類似的頁面或文章交叉連結經過設計的關鍵字。

十一、**目前選用的關鍵詞組是否適用於未來製作的內容？**選擇關鍵字時也應該考量預計於數週或數個月後製作的內容，而不只是依現有或正在創作的內容進行選擇。在寫作文章或創作部落格貼文之前，先以內容行事曆為標準，詳加思考哪些關鍵字可能適用於現在與將來的內容。

十二、關鍵詞組是否包含在網域名稱內？二〇一二年，Google決定著手處理劣質的「完全符合關鍵字網址」（Exact Match Domain，因此劣質網址的排名會受到影響）。Google確實想要解決網站利用關鍵字網址當作點擊誘餌的問題，例如假網址：seocontentmarketingtipsforsmallbusinessmarketers.com。不過，對於大部分的網站而言，網域名稱含有關鍵字仍然有助於提升搜尋排名。

非自製內容客串演出

前文曾提過「非自製內容」（other people's content）的概念，當你透過非自製內容傳遞越多想法，就有越多機會吸引新的訪客來到網站並且累積訂閱人數。與具影響力的人士培養良好關係（你的受眾願意投入時間的網站）之後，你的任務之一就是尋求機會協助他們所創作的內容發揮影響力，例如安排客座部落格文章，或是請這些知名人士參加為其受眾舉辦網路研討會。

過去十年來，我為超過五百個網站撰寫原創內容或改編文章，同時，我每年參與二十至三十場的外部網路研討會，這兩大類活動可說是我成功的重要推手。為何我會這麼說？進入CMI網站的使用者來自其他三千多個不同的網站，而使用者來源如此多元，正是因為我們經常在外部網站

* 利用漏斗形資訊圖表，分析並衡量網站動線設計對轉換率的影響。
** 協助企業分析是哪些關鍵字吸引消費者進入網站並且撥打電話至企業詢問資訊。

分享內容。

製作更多排名清單內容

儘管這種作法在業界已經相當氾濫，不過排名清單的能見度高、分享次數也高，因此更多人會在部落格加入這份內容的連結，使得這份內容更容易出現在搜尋結果。CMI 成效最佳的內容幾乎都是各種排名清單（請見圖 14.2）。

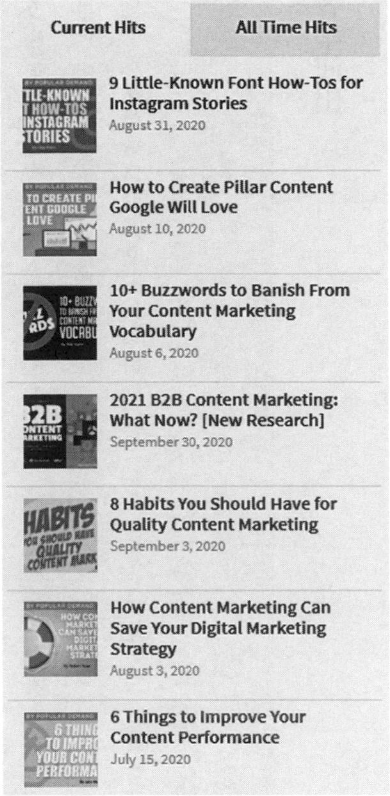

Current Hits | All Time Hits

9 Little-Known Font How-Tos for Instagram Stories
August 31, 2020

How to Create Pillar Content Google Will Love
August 10, 2020

10+ Buzzwords to Banish From Your Content Marketing Vocabulary
August 6, 2020

2021 B2B Content Marketing: What Now? [New Research]
September 30, 2020

8 Habits You Should Have for Quality Content Marketing
September 3, 2020

How Content Marketing Can Save Your Digital Marketing Strategy
August 3, 2020

6 Things to Improve Your Content Performance
July 15, 2020

圖 14.2　不論你喜不喜歡，清單和排名在文章和貼文都有不錯的效果。

進行獨創研究

專為目標受眾進行的原創研究就像起司對老鼠一樣有強大吸引力，而這還只是保守的說法。如果你有機會發表研究，務必要以定期系列的形式規劃研究進度，例如每季或每年發表一次，如此一來表示每次發表研究時，你的內容總會有新穎和亮眼之處。

運用Quora解答問題

Quora是個線上問答平台，你的潛在訂閱者極有可能在此提出你可以回答的問題。和社群媒體相同的道理，你要展現專業、吸引使用者造訪你的網站。

內容聯賣

內容聯賣（syndication）指的是主動將文章登在外界的網站。在過去許多人認為，Google這類搜尋引擎不利於複製內容的網站，然而Google否認這種說法：「讓我們打開天窗說亮話，並沒有『複製內容懲罰』這種事。」

作家及行銷演說家麥克·布倫納（Mike Brenner）認為，內容聯賣是尚待開發的機會，他分享自身的經驗：

我任職於軟體公司SAP時，一手打造了名為「SAP商業創新」(SAP Business Innovation)的內容行銷中心，這個計畫不僅榮獲獎項，還是以極少預算推行。那麼該如何用有限預算建立所謂的內容中心呢？你需要一大群自願參與的內容撰稿人。

我的做法是取得其他專家(剛起步時大多數是員工)的同意後，將他們創作的內容賣給外部單位。取得商業成果且預算增加之後，我開始採用經授權的內容以及其他需付費的原創內容。

將你的內容授權給其他網站(內容聯賣)，是增加傳播管道的有效做法。此外，儘管我認為原創內容是內容創業模式成長的首要動力，在你的內容製作完全上軌道之前，透過內容聯賣取得非自製內容也是個值得考慮的選擇。

善用HARO

「記者幫手」(Help a Reporter Out)又簡稱為「HARO」，是為新聞撰稿人和記者所設計的網站，提供各種專業內容資源。我在過去數年善加利用HARO的影響力，也因此登上《紐約時報》。

將大部分內容設定為公開

幾年前我針對一些知名商業團體舉辦了工作坊，大多數參與者所遇到的問題都是內容在網路上能見度不高。為什麼？因為他們所提供的內容有九成都是僅限會員使用，也就是必須登錄後才能取得內容。換言之，這些組織的內容有九成會遭到搜尋引擎忽略，喜歡這些內容的使用者也無法在社群媒體分享內容。

知名作家暨講者大衛・米爾曼・史考特（David Meerman Scott）的個人統計資料顯示，在內容公開的情形下，他所推出的白皮書或電子書下載量，至少會高出二十倍，最多甚至可高出五十倍。如果不需填寫個人資料即可下載內容，傳播效果絕對較為理想。

沒錯，你的確需要在特定內容資產的下載步驟之前，安插請使用者填寫資料的表格，以便累積訂閱人數（例如使用者願意付費取得的內容）。然而以大部分的內容而言，方便受眾使用絕對是首要之務，如此才能同時提升成為搜尋結果以及社群媒體分享內容的機率。

嘗試品牌聯合（BRANDSCAPING）

根據《品牌聯合》（*Brandscaping*）作者安德魯・戴維斯（Andrew Davis）的定義，「品牌聯合」指的是「許多品牌共同製作出優質內容」。試想以下的例子：你已經擁有品質優良的內容，卻需要更多行銷曝光機會；或是業界有人提出十分出色的研究，而你非常希望與自己的受眾分享這份內容。在這些情況下，也許與他人合作是最理想的做法。

我剛創立內容創業事業時，幾乎沒有受眾。於是我主動聯絡大型媒體公司和協會，向他們承諾我會完成一份研究報告，只要他們願意將報告發送給各自的受眾。如今，這個小小的研究專案已經有十五年的歷史，而且創造了數百萬美元的收入。

測試標題

Upworthy是當今成長最快速的網站之一，專門分享並策展（其認為）能引起眾人興趣的內容。Upworthy擁有超過一千六百萬名訂閱者，影片每月觀看次數高達一億兩千五百萬次。

究竟是什麼造就如此驚人的造訪人數？據Upworthy的說法：「這是因為Upworthy社群的上百萬名成員，觀賞我們策展的影片之後，認為這些影片很有意義、很吸引人、而且值得和朋友分享。」

Upworthy是如何促使受眾開啟電子郵件、觀賞影片、最後與朋友分享？關鍵在於Upworthy員工會精心設計每一道標題。Upworthy針對每一篇文章都提出至少二十五種標題，接著利用訂閱者清單進行各式各樣的A/B測試，觀察哪一種標題吸引最多人開啟電子郵件，哪一種標題的分享次數最多。最後當Upworthy判斷出效果最佳的標題之後，便會將這道完美標題傳送至整個電子郵件資料庫。

考慮採用付費內容傳播管道

當內容尚未具備吸引自然（非付費）搜尋的實力，也尚未累積大量的訂閱者受眾之前，可能需要仰賴其他助力增加讀者人數。因此利用付費內容傳播方式吸引新的訂閱者，也是非常合理的選擇，以下是值得參考的做法：

- **每點擊付費廣告**。如果你的內容還無法出現在目標關鍵字的搜尋結果中，可以考慮利用付費廣告。每點擊付費指的是在搜尋引擎上廣告你的內容，每當有使用者點擊這條連結，你就必須付費給Google、Bing或其他搜尋網站。每點擊付費廣告的費用不一，較不熱門的關鍵詞組可能要價五美分，而熱門關鍵字（如常見疾病「間皮瘤」）則要價高達每次點擊十美元。
- **內容搜索／推薦工具**。Outbrain、Taboola、以及nRelate等服務平台與媒體及部落格網站合作，只要客戶付費，平台就會協助在客戶所選擇的刊登網站推廣內容。這類投資的原理和每點擊付費廣告相同，每當使用者點擊你的內容，你就必須支付廣告費。內容推薦工具和每點擊付費廣告最大的相異之處在於，客戶的內容必須以有趣故事的形式在推薦工具中呈現，否則服務不會顯示內容。內容推薦工具在過去幾年風評不佳（因為點擊誘餌內容充斥），不過一如既往，優質內容更具優勢。

社群媒體廣告

幾乎每一個社群網站，包含Facebook、LinkedIn、Twitter以及Instagram都有提供廣告服務，這些平台可以幫助你向極為明確的受眾推廣內容。

在我出版本書之前，我的目標是大幅增加我的個人電子報訂閱人數。在為成功在Facebook上宣傳我的小說《赴死的意志》（*The Will to Die*）之後，我決定為行銷從業人員編製名為《新冠行銷》（*Corona Marketing*）的免費書籍，將感興趣的行銷人導向回我的網站（請見圖14.3）。如果要兌換書籍，網站訪客必須註冊並試讀我的電子報。

我錄製了一段十秒的影片，解釋這本免費書籍的重要性，並在二〇二

圖14.3 只要贈送的內容確實有價值，運用社群媒體管道廣告就不會有問題。

〇年八月於Facebook上付費推播廣告。推播廣告的付費成果如下：

- 電子郵件清單新增七百八十七筆確認的電子郵件地址，成本為每筆〇．九六美元。
- 新增二千九百五十七筆電子郵件地址，成本為每筆〇．二六美元。
- 新觸及四十七萬六千人。
- 登陸頁面查看次數增加五千四百次，成本為每次〇．一四美元。

這些數字都很亮眼，以不到一美元的成本就讓訂閱者清單增加了七百八十七筆電子郵件地址，真是划算。只要贈送的內容確實有價值，而且向訂閱者清楚解釋如何兌換，用廣告宣傳優惠活動可以帶來不錯的效果。

運用新聞稿服務

Cision與Marketwire皆有提供擬定新聞稿的服務，並且協助客戶將內容發表至自行選擇的媒體網站，達到額外的宣傳效果。請記得，新聞稿並沒有一定的格式，你可以盡量發揮創意，盡力在數千份新聞稿中吸引受眾的注意力。訴說你想分享故事，然後選在最合適的媒體網站特別宣傳。

【參考資料】

Brenner, Michael, "Get the Biggest SEO Bang for Your Content Marketing Buck;" ContentMarketingInstitute.com, accessed May 15, 2020, http://contentmarketinginstitute.com/2015/03/brenner-seo-content-marketing/.

Enge, Eric, "Link Building Is Not Illegal (or Inherently Bad) with Matt Cutts, stonetemple.com, accessed April 20, 2020, https://www.stonetemple.com/ link-building-is-not-illegal-or-bad/.

Smith, Craig, "Upworthy Statistics and Facts," DMR, accessed October 1, 2020, https://expandedramblings.com/index.php/upworthy-statistics-and-facts/.

"What Actually Makes Things Go Viral Will Blow Your Mind," Upworthy Insider, Upworthy.com, accessed August 28, 2020, http://blog.upworthy.com/post/69093440334/what-actually-makes-things-go-viral-will-blow-your.

第十五章
接收受眾

影響力行銷就是藉由他人分享你的故事、創造利益，最終成就你的事業。

——阿德斯・阿爾比（Ardath Albee）*

大多數採用影響力策略的企業都沒有明確的流程，而你在執行影響力策略的時候，務必要針對特定的群體，並在某個時間點停止分享內容。為什麼？因為你要讓影響力人物的受眾成為你的受眾。

▲如果你已經充分掌握這個概念，請直接跳至下一章。

* B2B行銷策略專家。

有些行銷專家可能會將這章命名為「影響力行銷」，不過我還是偏好如實闡述原本的概念：與具有影響力的人物（受眾沒有造訪你的網站時的所在之處）合作，最終目的就是將這些人物的受眾據為己有（我已經盡量用最正面的方式說明）。

在這個時代，組成受眾的使用者並不會待在原地，被動等著你提供內容，而是會主動接觸並利用行動、影音、以及文字內容，滿足資訊或娛樂的需求。如果你希望有所突破，就必須利用這股注意力，並且將其導向你的內容，這可不是簡單的任務。

本章的重點就是幫助你做到這一點：接收受眾！

運作原理

如果從以下幾種角度思考，這個概念其實頗為簡單明瞭：

- 具有影響力的人物已有成熟的受眾，而且受眾願意接受這些人物的想法與建議；基本上你的目標受眾十分重視具有影響力的人物。
- 具有影響力的人物與其讀者之間有穩固的**信任**關係。理想狀況是，這些人物會幫助你累積可信度。
- 具有影響力的人物可以幫助你創作出真正符合客戶需求的內容，因為他們既有實戰經驗又有獨到見解。

- 你與有影響力的人物合作之後，便能以正確方式、在正確的時間、向正確對象傳遞內容與訊息。

你的最終目標就是培養並擴大屬於自己的受眾。

目標為何？

正如內容創業模式需要一套策略，影響力行銷也需要策略。執行影響力行銷計畫之前，你必須先釐清並記錄自己的明確目的。換言之：影響力行銷計畫要如何幫助你達成商業目標，又要如何達到培養受眾的效果？

你可以考慮或利用下列的可行目標，作為擬定目標清單的初步參考：

- **品牌知名度**。有多少人是因為這位具有影響力的人物，而觀看、下載、或聆聽這份內容？
- **互動程度**。這份內容引起了多少共鳴，分享次數又有多頻繁？有影響力的人物是否有助於提升分享次數？
- **潛在客戶開發**。有影響力的人物是否有助於將受眾轉換為有價值的訂閱者？
- **銷售量**。你是否因為有影響力的人物分享這份內容而獲利？這項計畫的收益或投資報酬率（ROI）有多少？

- **客戶保留與忠誠度**。有影響力的人物是否有助於保留客戶？
- **升級銷售（up-sell）或交叉銷售（cross-sell）**。有影響力的人物是否能促使他人對你的事業增加投資？

如何辨別適用的影響力類型？

具有影響力的人物類型不一，從組織內部到外界，具有影響力的人物可能有以下幾類：

- 部落客
- 社群媒體名人（產業特定）
- 客戶
- 採購組織成員
- 產業專家與分析師
- 商業合作夥伴
- 內部團隊成員或專家
- 媒體網站

從這些類別中，你可以列出一份影響力「鎖定名單」。

如何管理影響力行銷計劃

釐清影響力行銷計畫的目標以及理想受眾之後，你會更加了解自己在組織內是否握有合適的資源，是否足以推行整套計畫。以下是過程中需要考量的事項：

- 你的工作團隊是否有能力負擔影響力試行小組的工作？
- 組織內是否有可用工具（用於取得社群情報、內容管理等等），可投入至影響力行銷計畫之中？你可以參考框格中的「推薦情報工具」。

完全了解組織內部的實力之後，就可以判斷相應的計畫規模，以及推行計畫所需的其他資源，以順利達到目標。

推薦情報工具

- Agorapulse
- BuzzSumo
- Sprout Social
- SparkToro

製作值得分享的內容

為了與具有影響力的人物合作、建立真正的合作關係，達到加強宣傳內容的目標，不可或缺的條件正是：**吸引人且有影響力的內容**。通常，如果品牌廠商要求具有影響力的人物在其一手建立的網站上過度推銷，這些人物會拒絕與該品牌合作，畢竟他們與讀者之間的信任關係，是基於內容的真實性才得以維繫，因此沒有任何一方——即使是你的品牌也一樣——值得具有影響力的人物犧牲這一點。正如行銷專家安迪．紐彭（Andy Newbom）所說的：「要針對具有影響力的人物，量身打造可以發揮其影響力的內容。」

擬定影響力鎖定名單

有時候你是否會覺得影響力行銷計畫像沒有出口的複雜迷宮？這是因為你有非常多選擇，具有影響力的可能合作對象人數之多，也許會令人感到毫無頭緒。以下是開始執行影響力行銷計畫時應該先行考量的事項：

- 該接觸哪些對象？
- 該如何判斷「誰能勝任」，誰又有強大的影響力？
- 開始合作後，該如何管理具有影響力的人物？

這些未知情況對於任何工作團隊而言，都是非常艱鉅的挑戰，不論團隊大小或經驗多寡。以下三個步驟將有助於你開始推行計畫：

1. 建立潛在合作對象候選名單，並且多加了解這些對象。
2. 開始拓展具有影響力的人脈。
3. 測試、評估、最佳化。

設定目標並且判斷理想的合作對象「類型」之後，必須建立具有影響力的人物候選名單，此時的首要之務就是**除了蒐集情報之外不採取任何行動**。這個步驟雖然被動，但是花時間理解潛在合作對象的重心，也是釐清合作方式的重要一環。

首先，可以考慮擬定一套模式，以便追蹤你最想合作的對象。也許你已經有概略的清單，不過初期最好能以一貫的方式追蹤並衡量具有影響力的潛在合作對象。

平常在觀察可能合作對象的創作內容時，你的評量標準可以較為「直覺」，此時就牽涉到一個非常關鍵的環節：**閱讀具影響力潛在合作對象的作品！**包括閱讀他們的文章、觀察他們如何回應留言、檢視他們的Twitter發文／貼文，並且深入了解他們最重視的部分。衡量這些人物的影響力程度與規模時，你也能同步觀察是哪些受眾在回應並追蹤他們的作品，這些實用的資訊都該一併記錄在工作表中。此外，他們的受眾也有可能是具有潛在影響力的人物。

鎖定具有影響力的潛在合作對象

行銷分析公司「格子引擎」（Lattice Engines）經理亞曼達・馬克思謬（Amanda Maksymiw）建議，擬定具影響力的潛在合作對象清單時，可以採取下列行動：

- 利用情報工具以及關鍵字，鎖定談論特定主題的人物。
- 詢問客戶或其他業界人士（千萬不可低估口碑的力量）。
- 透過社群媒體平台搜尋，尤其是LinkedIn。
- 無止境的建立人脈。參與不同領域的活動——走出舒適圈，與客戶、合作對象、以及業務交談。
- 詢問行銷、產品開發、或是銷售團隊的同儕。
- 詢問其他具有影響力的人物。你絕對無法想像有多少首選合作對象都是彼此合作、推薦的關係。
- 加入論壇與討論看板／群組，分享你的內容。參與Twitter的即時通訊、網路研討會、甚至是瀏覽最新的產業報告或部落格貼文等等，都有助於你快速了解誰是這個領域的主導者。

影響力候選名單應該有多少候選人？

這則問題的答案幾乎完全取決於你對上述「如何管理影響力行銷計劃」的回答，不過初期因為效率考量，大多數人會傾向先列出五至十名具有影響力的人物，是較為合理且容易控管的出發點。

拓展人脈

一旦完成擬定具有影響力的合作對象候選名單，並且長時間觀察這些人物的創作內容之後，下一步就是向外拓展人脈，不過行動之前請先考量以下事項：

- 採用何種方式接觸目標對象？
- 你可以提供對方哪些有價值的益處？
- 你希望透過合作關係達到什麼目的？

如果你確實有長期觀察這些人物的創作內容，此時就是努力後的收穫時刻。邀請具有影響力的一流人物合作時，卻只發送空泛、冷淡的詢問訊息，對方可能會覺得受到侮辱。此外請切記，這是雙方平等的合作關係，以前公司送上大把鈔票或樣品，就期待部落客對自己的品牌唯命是從，這種時代早已過去。現在具影響力的人物有仔細篩選的能力，而他們也期望將才能（與受眾）貢獻予你的計畫時，可以受到相應的尊重。

社群媒體 4-1-1

社群媒體 4-1-1是一種社群分享策略，可以協助企業更輕易發掘社群平台上具有影響力的人物。首次與具有影響力的潛在合作對象接觸時，先採用這套策略，而非直接發送電子郵件給對方，會是較為理想的做法。以下會說明如何應用這套策略。

以六篇內容為一個單位，在社群媒體(例如Twitter)分享內容時，分配比例應該如下：

- 四篇引用目標合作對象的內容，而且主題要與你的受眾切身相關。意謂約有六成七的時間，你所分享的內容都並非原創，目的是吸引受眾注意目標合作對象的內容。
- 一篇為原創內容，需有教育意義。
- 一篇為行銷內容，例如折價券、產品資訊、或是新聞稿等。

當然你不一定要完全依上述比例分享內容，成功關鍵在於其中的觀念：當你分享具有影響力人物的內容，會立刻引起對方的注意，同時你在分享內容的過程中，不應該要求任何回報(保持一個月左右)，如此一來，當你有所求的那一天到來，對方就會比較有意願協助。

另一個成功要件是持續，以你的影響力候選名單為基準，至少每日分享一篇來自目標合作對象的內容，並且持續一個月。

首次互動

如需要開始與目標合作對象互動，可以採取以下幾種做法：

- 在社群媒體展現熱情，可以透過留言回應、轉推（retweet）、或是引用等方式（利用社群媒體4-1-1策略）。
- 在對方的部落格文章張貼周到的留言。
- 在LinkedIn與對方建立關係，自我介紹並說明想加入對方人脈的原因。
- 在適當的時機直接發送電子郵件，向對方說明你的合作構想。

根據我的觀察，如果你持續在對方的社群管道分享和回覆（例如三十天以上），對方就比較有意願進行直接接觸。成功拓展人脈的關鍵在於，避免表現出請求幫忙的姿態，而是向對方提出合作的建議，並且以對方的專業為首要考量，自身需求則為其次。

培養影響力人際關係

開始與目標合作對象互動之後，也許就能較自然的以不同方式詢問合作意願，例如：

- 請對方與你共同製作內容。
- 請對方專為你的平台客製化製作內容。
- 請對方透過自身平台分享你的內容。

你可以考慮與具有影響力的新合作對象共同進行以下計畫：

1. 請對方為文章提供引言。
2. 請對方在研討會發表演說。
3. 請對方以嘉賓身分參與Twitter聊天群組或網路研討會。
4. 請對方為電子書提供引言。
5. 請對方針對特定主題表達看法，以群眾外包（Crowdsourcing）的方式編寫部落格文章。
6. 請對方允許你在自己的電子書或白皮書分享對方的內容。
7. 請對方提供資訊或數據，協助進行案例分析。
8. 請對方寫一篇客座部落格貼文或是專題文章。
9. 請對方在業界活動中加入專家小組。
10. 請對方以嘉賓身分在Podcast登場。

內容的壽命有多長？

合作過程中需要考量製作內容的延展性，正如同內容創業策略，影響力行銷計畫不能只是一次性的活動企劃。舉例來說：

- 考慮將每個月的客座部落格文章集結成每季出刊一次的電子書。
- 如果你已經請具影響力的人物主持一系列的網路研討會或Podcast，可以將這些內容彙整成扎實的資源指南。
- 從具影響力的合作對象蒐集引言或觀點，再編寫成最佳實務範例或是集眾人之智的文章。

納森尼爾．惠特摩爾經營的Podcast是加密貨幣領域中規模最大的節目。與媒體公司合作後，他的受眾規模顯著成長。

Coindesk是知名的加密貨幣媒體公司，在惠特摩爾推出每日Podcast節目《分析報導》（The Breakdown）時，該公司也正在考慮建立Podcast網路。雙方建立合作關係後，Coindesk負責銷售廣告空間，並在整個Coindesk網路上發行節目。惠特摩爾表示：「對我來說，這種合作方式主要是為了從一開始就擴大流通範圍。」

自從展開合作以來，節目下載量成長超過一千倍，平台的每月下載量超過三十萬次。若要讓Podcast的規模持續成長，惠特摩爾建議要兼顧持續性和差異化：

首先，每日更新確實讓節目與眾不同，而且讓我很驚訝的是，竟然有這麼多人每天都收聽。其次，我認為一般的內容創作者沒有投入足夠的時間，來確實找出他們真正的特點或小眾市場。

在加密貨幣或總體經濟領域中，《分析報導》(The Breakdown)是唯一一個採用這種模式的Podcast節目：主要是由身為主持人的我直接對麥克風講話而沒有來賓。我每週最多只會邀請二至三位來賓，一週有七集節目，因此掌握讓內容與眾不同的特點真的很重要。

評估並改良計畫

儘管你必須單方面付出時間與努力，你和具有影響力的合作對象終究會形成穩固的合作關係。分享對方的文章不再像請求協助，因為你已經盡力展現自己對作者的尊重與重視，而不只是覬覦對方的受眾。此時你需要表達更多善意，為培養合作關係付出努力，更進一步的強化雙方的忠誠度。例如，你可以邀請具影響力的合作對象出席獨家活動；請對方協助推出前所未有的新產品或新服務；請眾多合作對象提出想法，以群眾外包的方式組成試行團隊；或是寄送給對方小禮物以表感謝，例如咖啡禮品卡或是手寫感謝信。

這些舉動都會讓合作對象感到受重視和身分特殊，而這也正是你最初尋求合作的原因(此外，記得對方的生日更是只有好處、沒有壞處)。

衡量計畫

可以參考以下建議選定關鍵績效指標(KPI)，主要根據最初設定的計畫目標選擇衡量方式：

計畫目標	可用的指標
品牌知名度	• 網站流量 • 頁面觀看次數 • 影片觀看次數 • 文件觀看次數 • 下載次數 • 社群對話 • 推薦連結
互動程度	• 部落格留言 • 按讚、分享、推文 • 轉貼 • 內部連結
開發與培養潛在客戶	• 表格填寫與下載次數 • 電子報訂閱人數 • 部落格訂閱人數 • 訂閱者轉換率

指標	衡量項目
銷售量	• 線上銷售量 • 非線上銷售量 • 報告手冊與口頭成交紀錄
客戶保留與忠誠度	• 現有客戶使用的內容百分比 • 客戶保留與續留率
升級銷售或交叉銷售	• 新產品或新服務的銷售量

無論你選擇運用哪些指標衡量成果，都必須特別留意可能需要改善之處，尤其在計畫初期更是如此。沒有任何一套計畫能夠達到完美無缺，而打造有效的影響力行銷計畫，大量的時間與付出更是不可或缺。如果你將眼界放在計畫表面上的成功之外，就能進一步考量這段工作上的合作關係，可以如何為公司創造出真正的價值。這段合作關係未必總是光鮮亮麗，也正如任何一段關係，可能還涉及某種形式的交易，不過這些極具影響力的聲音，基本上是無償替你將公司的訊息傳遞給大眾，其效果終究會超越你手中大多數的行銷計畫。

銳玩遊戲（Riot Games）在二〇二〇年推出的第一人稱射擊遊戲《特戰英豪》（Valorant）於四月七日首次公開。單是在當天，就吸引了一百七十萬名同時在線的觀眾。在這之後，《特戰英豪》在Twitch上創下單日觀看時數達三千四百萬小時的紀錄。

銳玩遊戲實現這一切的方法如下：

一、**單一平台**。公司並沒有將《特戰英豪》的動態消息公開至所有分享管道，而是僅專注於經營Twitch。銳玩遊戲將所有心力都投入單一管道上。

你在創作和傳播內容時，就應該採用這種策略。首先要專注於單一管道，並成為其中的佼佼者。

二、**與影響力人物建立長期關係**。銳玩遊戲多年來一直致力於培養與具影響力人物的關係，這可能是公司（除了遊戲以外）最用心經營的業務。在遊戲推出時，公司聯絡了有大量受眾的影響力人物，也聯絡了有小規模忠實訂閱者的人物。公司沒有提供任何報酬，只提供搶先遊玩遊戲的機會。

很多公司只有在需要時才會把重點放在可合作的影響力人物。銳玩遊戲則是與他們持續保持溝通，並努力與對方建立關係。對於銳玩遊戲來說，最大未必代表最好。他們也很重視較小眾的影響力人物。

三、**累積觀看時數**。如果是非影響力人物想要獲得遊戲的測試版金鑰，他們必須在Twitch上觀看《特戰英豪》並累積一定程度的觀看時數。我兒子累積到五十小時以上，終於成功拿到金鑰（請尊重他的選擇）。

根據我兒子的說法：「銳玩遊戲和好幾百位直播主合作，請他們在Twitch上直播封測版遊戲的實況，觀眾的收看時間累積到一定程度之後，也會有資格獲得測試版金鑰，雖然獲得的機率很隨機。所以最紅的直播主會不斷直播這款遊戲，因為觀眾為了獲得金鑰會一直收看，反過來說也是一樣的道理。這款遊戲打破了很多紀錄，而且可以玩到遊戲像是一種限定版的體驗，還蠻有趣的。」

這對於最忠實的客戶來說是絕佳的獎勵！觀看時數最多的觀眾可以獲得遊戲存取權。其實任何公司都可以針對忠實訂閱者設計類似的活動。

我的首個影響力計畫

就如同任何內容創業計畫一樣，我剛開始奠定基礎，推出名為「內容行銷革新」的部落格時，一個受眾也沒有。為了培養受眾，我開始嘗試與業界其他的關鍵影響力人物建立關係。為幫助這些人物增加知名度，我們彙整出「前四十二大內容行銷部落格」的排名。最初，這份名單的組成如下：利用Google快訊追蹤關鍵字（如「內容行銷」）鎖定的具影響力人物、業界商情出版品的作者、在Twitter上談論相關主題的人物、以及其他引起我們興趣的部落格。而最初名單正好就記錄了四十二名具有影響力的人物。

吸引具有影響力的人物

具有影響力的人物是很重要的群體，他們通常都有一份正職，卻也在社群網路上極為活躍，願意付出時間分享內容和經營部落格。吸引這群人的目光可不容易，因此為了達到這個目的，我們必須贈送「內容禮品」，以下會說明數種不同的作法。

首先，利用前文介紹的社群媒體4-1-1策略，我們實施這套策略長達數個月。我們的工作團隊初期先依「熱門內容行銷部落客」清單追蹤對象，後期則決定公開並與大眾分享排名資訊，藉此提升這些具影響力人物的知名度，最後效果確實十分驚人。

我們聘請外部研究專家協助彙整出一套模式，以便針對熱門部落客進行排名，影響排名的因素包含穩定性、風格、實用性、原創性以及其他細節。接著我們一季發表一次排名清單，透過新聞稿公佈前十名，並且盡可能的利用這項機會。想當然爾，前十名的部落客以及前四十二大部落格非常滿意排名結果，不僅多數的上榜人物和自身受眾分享排名清單，更有幾乎半數的前四十二大部落格將我們的小工具(顯示該部落格的排名)放在首頁，可以直接連結至我們的網站。因此，我們不僅與這些具有影響力的人物建立了長期合作關係，同時也獲得了信任來源連結與網站流量。

我們除了發表熱門部落客名單之外，也開始彙整具影響力人物的作品，製作成大篇幅且具教育意義的電子書：例如《內容行銷策略書》(*Content Marketing Playbook*)。這份策略書包含四十份以上有關內容行銷的案例分析，多數內容都是我們合作對象的第一手經驗，因此我們一定會在策略書中註明個案內容是源自哪位合作對象。

當我們推出策略書，並且將出版消息轉告具影響力的合作對象時，大部分出現在策略書的合作對象，都很主動的與其受眾分享這份內容。其中很重要的一點是，我們在策略書中分享的所有資訊，都是經「合理使用」、正確引用、或經過合作對象同意的內容。

自此之後，多數出現在我們原創的影響力名單的人物，都成為CMI社群中非常活躍的撰稿人。有些合作對象開始寫作部落格文章，有些則參與CMI的每週Twitter聊天室，也有人擔任我們主辦活動的演講者，當然也有些合作對象繼續為我們編寫書籍與電子書。而也許最令人欣喜的部分，就是我們原創排名清單中的十大最具影響力人物都成了我的好友。毋需多言，這又是個大獲成功的計畫。

誰說佔他人便宜一定沒有好下場？

【參考資料】

Interviews by Joe Pulizzi:

Adam Pulizzi, September 2020.

Nathaniel Whittemore, October 2020.

第十六章
選擇社群媒體

社群媒體的真正價值不在於利用科技，而是服務社群。

——賽門．曼華林（Simon Mainwaring）*

你不需要活躍於每一種社群管道。在初期，只要選擇最合適的兩到三種管道，並且將資源全數投入即可。

▲如果你已經充分掌握這個概念，請直接跳至下一章。

* 著名社群媒體專家與部落客。

有一段時期，社群媒體和內容製作這兩個詞彙幾乎可以通用，然而兩者實際上有極大差異。社群媒體和內容製作的範疇稍有重疊，不過若以最簡單的方式說明兩者關聯——內容是驅動社群媒體的關鍵，而社群媒體則是內容行銷兩個主要流程中最重要的元素：

- 聆聽受眾的意見，了解受眾關心的主題，才能製作出對受眾而言有趣又實用的內容。
- 傳播你的企業以及其他企業產出的內容，亦即採用社群媒體4-1-1策略。

社群媒體和內容製作兩者缺一不可。

如果你才剛開始認真計畫利用社群媒體宣傳內容，最好從小細節著手。首先選擇最熱門的社群平台（Instagram、Pinterest、YouTube等等），接著觀察最多目標受眾關心的主題為何。

焦點

傳統上，B2B公司都會猶豫是否該利用像是Pinterest的平台；不過如果你付出雙倍努力，並且將Pinterest視為關鍵策略、專注經營，我敢保證你一定會收到效果。最根本的問題就只是，為了換取和社群有更多真正互動的機會，你願意將資源投入在哪裡。

——行銷作家與演說家，陶德・惠特蘭（Todd Wheatland）

首先選擇適合實際培養社群以及互動的管道，接著將重心放在此處，觀察他人在這個空間的活動，由此了解眾人對哪些主題最為關心。所謂「他人」指的並不是競爭者，而是任何比你的社群媒體內容更具吸引力的人物（例如具有影響力的合作對象）。自問你可以如何讓內容更加實用、更具娛樂性，勝過其他內容生產者。

測試

選擇主流管道作為重心是合理做法，然而情勢正在快速變化，因此一定要經由實驗，讓社群媒體內容保持新鮮、即時。前Airbnb行銷長強納森．米爾登霍爾（Jonathan Mildenhall）在「內容行銷世界」（Content Marketing World）研討會指出：「如果你沒有失敗的空間，就沒有成長的途徑。」

如果僅是因為流行或是模仿競爭者而開始使用特定平台，絕對不是理想的做法，但另一方面，你也不該因為害怕失敗而不敢嘗試新事物。在決策過程中，請參考以下建議：

- 沒有明確計畫之前，不要任意註冊平台帳號。
- 務必列出測試管道的優先順序，並且投入大量時間測試有效的方法，同時也要從無效的方法學習教訓。你可能會發掘受眾的另一面，或是發現某個管道並不適合作為你的事業主力。
- 少即是多。在一、兩個管道成為佼佼者，而不要在四、五個平台當平庸之輩。

客製化

Facebook的貼文應該要和Pinterest、Twitter或是LinkedIn的貼文有極大差異，不過很多創作者的態度卻是：「太麻煩了，還是一次在所有管道公開內容比較方便。你利用管道只是因為手邊剛好有這些工具，所以按下送出鍵之後，你的所有管道都會出現相同內容。」

——演說家暨內容行銷策略專家，麥可・韋斯（Michael Weiss）

在不同管道傳遞相同訊息，正是最容易讓社群成員失去興趣的做法。取而代之，你應該判斷網路社群成員對哪類內容有興趣，也就是哪些內容對他們而言較為實用。同時，你也應該預先規劃以多元方式運用你的內容資產，並且針對你所偏好的傳播管道，設計以特殊的形式宣傳內容。

社群與其他管道

以下是我個人推薦使用的資源，也有助於你快速一覽各大社群媒體管道的特色。不過請記得，儘管你可以利用社群媒體培養受眾，卻無法直接與受眾接觸，而這正是Facebook或YouTube等平台的侷限。利用這些社群媒體的最終目的，是將受眾導向你所提供的內容，如此才有機會累積電子郵件訂閱人數。

在大多數的內容創業模式實例中，事業都有一個基礎，再加上兩至三個社群管道，用來吸引受眾的關注，並且把流量導向回到基礎。舉例來說，喬・羅根以音訊Podcast建立基礎，並活躍於YouTube、Twitter和Instagram，完全沒有涉足TikTok。

市面上有很多社群媒體平台可供選擇，不過以下介紹的幾種在世界各地絕對都是最值得認識的平台。

》Facebook

截至二〇二〇年第二季，Facebook的使用者超過二十七億人，是全球規模最大的社群網路。Facebook很重要，因為你大部分的受眾可能都有使用Facebook。

儘管如此，Facebook是我在培養次要受眾時最不喜歡使用的平台。內容模式的超級明星Electric House（英國）和Salat Tosen（丹麥）長年在Facebook上培養受眾，早在Facebook開始調整演算法之前就已經這麼做，如今要效法會變得困難許多。

目前最有發展潛力的是Facebook社團，Facebook過去幾年一直強力宣傳這項功能。最理想的作法可能是放棄在Facebook建立你個人的受眾，改為成立極為專門的社團，作為你的社群聚集空間。

亞麗珊卓・托瑞（Alessandra Torre）成立的Facebook社團叫做Alessandra Torre Inkers，現在成員已超過一萬一千人。即使只是在社團提出一個普通的問題，也會收到多達一百則留言。這個社團是亞麗珊卓得以發展線上培訓課程和實體／虛擬活動的一大關鍵。

》Twitter

Twitter儼然已成為網路世界的官方宣傳工具，那麼該如何讓你的故事在Twitter脫穎而出？請參考下列訣竅：

- 透過推文訴說故事。用一貫的語氣講述你的產業和品牌故事，每一則推文都必須各有吸引人之處，但最好盡量維持一致的表達風格。此外，許多人會將推文切割成好幾段，來講述篇幅較長的故事（通常是以加上編號的方式）。
- 善用主題標籤。每則推文包含二至三個相關的主題標籤，有助於使用者輕鬆搜尋到你的內容。（例如，CMI全年都會在內容加上主題標籤「#cmworld」。）
- 利用Twitter進行測試。以推文發表原創內容之後，詳細記錄哪些內容的分享次數較多，並且利用這些資訊規劃未來的內容製作。

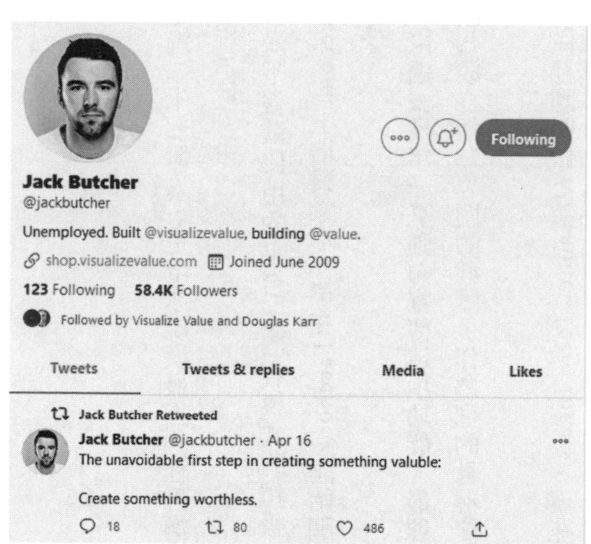

圖16.1 傑克・布徹以簡短、品質穩定的推文在Twitter培養出忠實受眾。

- 報導產業活動。運用Twitter現場報導重大活動，為受眾提供即時資訊，如此一來，你的品牌便能成為未出席受眾的眼與耳。

「視覺化價值」(Visualize Value)的傑克．布徹用很短的時間就在Twitter上佔有一席之地（請見圖16.1）。他不斷在這個平台上發文而且成效極佳，現在的追隨者超過五萬人。有時候，他的一則推文會有多達一百萬人的曝光度。每隔一天，都會有人告訴傑克他們是因為他的推文而訂閱他的付費服務。

》LinkedIn

LinkedIn的功能早已不只是線上公司名錄冊，甚至可能已經成為網路上最具影響力的商業內容發行平台（圖16.2）。現在人人都能在LinkedIn發表簡短的動態消息（類似於Facebook）或完整篇幅的文章，如果內容夠有說服力，就很有機會被大量轉貼（同樣還是取決於演算法）。

如果你計畫在LinkedIn發表內容，請參考以下訣竅：

- 釐清你在LinkedIn的目標受眾，並且在這個管道發表內容，吸引受眾向你訂閱內容。
- 善加利用你的個人檔案，在其中嵌入LinkedIn SlideShare（類似PowerPoint）簡報及YouTube影片。記得加上你所有內容資源的連結。
- 檢視工作團隊的個人檔案，確認每位員工都能適切的為公司代言。

LinkedIn 社團仍然十分有影響力，但相較於Facebook創新的社團功能，明顯只能區居第二。

》Instagram

Instagram是規模最大的圖片分享社群媒體網站，使用者超過十億人。起初，這個平台是專門分享圖片的網站，但自二〇一六年推出Instagram 限時動態以來，平台的發展便一飛沖天。依照Hootsuite的說法，Instagram限時動態是一種「以相機拍攝為主的全螢幕視覺內容形式，仿效Snapchat發佈後二十四小時後就會消失，而且不會顯示在Instagram動態消息。這表示使用者可以輕易且快速地向粉絲發布內容，而不必擔心對粉絲造成疲勞轟炸。」根據Instagram，每天都有五十萬人使用Instagram限時動態。

此外，Instagram最近推出了Reels，是專

Marketers Are Afraid to Answer These Three Questions

Published on February 24, 2020　Edit article | View stats

Joe Pulizzi
Author #Thriller The Will to Die plus Killing Marketing, Content Inc. and Epic Content Marketing, Marketing Speaker　53 articles

When I talk to marketing professionals, there are three questions that seem impossible for them to answer. It doesn't matter what industry they are in or whether they are a small start-up or the largest of enterprise companies. It's time we hit these questions head on.

What If Your Marketing Was Gone?

If your marketing didn't exist, would anyone miss it? Would your customers' lives be different in any way? And God forbid, would their lives be better without the information you are giving them? Are you the definition of interruption?

For whatever you think about Walt Disney, he knew early on that if he delighted his audience with consistent, remarkable content, they would go to Disneyland. They would buy merchandise. His marketing was so good, it didn't look or feel like marketing.

圖16.2　自從開始在Linkedin發布內容，我的追隨者增加了二十萬人。

門為了與TikTok競爭而推出的功能。使用者可以透過Reels創作出十五至三十秒且有配樂的短影片。

奎茵．坦普斯特在Instagram上成功創業，專為女性企業家提供的教育和諮詢服務（請見圖16.3）。「她們正在尋找靈感，在尋找學習機會。我則是運用Instagram鼓勵她們積極行動，深入探討她們的動機和目標，同時提供戰略和教學，並引導她們調整心態以實現自己的目標。我每週都會舉行『Tip Tuesday』系列活動，並在其中分享一些有教育意義的祕訣。」

奎茵的Instagram粉絲僅有一萬多人，這表示你不需要有大量的受眾也能成功運用內容創業模式。

》Pinterest

Pinterest是極為熱門的攝影作品分享網站，使用者超過三億三千萬人。使用者可以在平台主動管理自己的相片，並且分享他人製作的圖像與影片。這些已發佈的圖像稱為「釘圖」，目前平台上有超過兩千億張釘圖。Pinterest在零售業極為受歡迎（二十五至三

圖16.3　奎茵．坦普斯特透過持續發佈切題的Instagram貼文，在短期內吸引了一批忠實的追隨者。

十四歲的女性是最大宗的受眾群），並在過去幾年間往其他領域擴展。想了解你的事業是否適合使用Pinterest嗎？請參考下列建議：

- **除了圖像以外也要發布影片**。影片的效果也一樣出色（且可以釘選於頁面）。如果你手中有豐富的系列影片內容，不妨利用Pinterest將流量帶回你的網站或YouTube頻道。
- **向客戶致意**。透過展示客戶的出色成果，可以有效加深客戶關係、強調自身成功經驗、並且帶動更多流量，這是少數不需自吹自擂就能展現優勢的方法。採取這種作法時別忘了運用你的主題標籤。
- **分享閱讀清單**。推薦對受眾有益的讀物，有助於培養雙方關係。公開你讀過的書籍也能展現你的品牌承諾：永無止境的進步。
- **展現企業特色**。與其發布單一產品圖片或是員工相片，不如用動態攝影呈現產品或工作團隊更有個性的一面。動態相片會讓受眾更容易想像自己是客戶或客戶。

熊掌理論（Bearfoot Theory）創辦人克莉絲汀．博爾表示，Pinterest為她的網站帶來第二多的流量，僅次於Google（請見圖16.4）。「我們確保每篇部落格文章都有一張亮眼的Pinterest圖片，而且會定時更新。我們才剛針對公司網站全面重新改造形象，現在我們要重新開張，並且為我們的眾多熱門內容製作新的Pinterest圖片。」

》YouTube

我將YouTube列在此處是因為，YouTube確實是社群媒體網站，不過其最大的優勢其實是平台功能，也就是我們先前提到馬修．派翠克和安．里爾頓的例子。如果你不選擇使用一般平台，而是透過YouTube分享內容，請先考慮以下事項：

- YouTube是全球第二大搜尋引擎，因此針對尋獲度製作內容絕對是工作重點之一。
- 無論你計畫在YouTube發表何種內容，一定要定期發布，這與其他平台是相同的原理。大多數企業發表內容的時間並不固定，對於培養

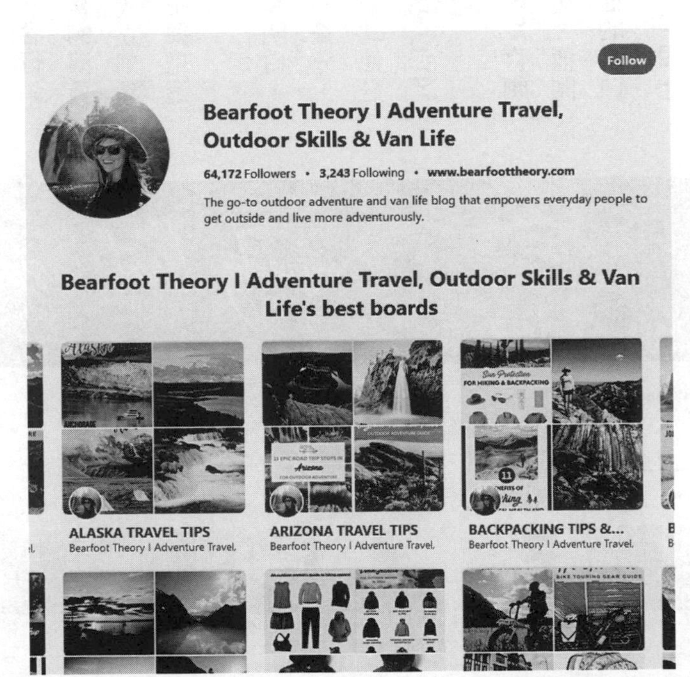

圖16.4 Pinterest是成效極為顯著的社群媒體工具，大部分的創業家卻沒有注意到。

受眾毫無助益。

二〇一六年，我在尋找可行的「內容行銷世界」活動演講主題時，偶然發現了喜劇演員小邁克（Michael Jr.）的YouTube頻道。我立刻深深陷入他的喜劇世界，他的表演方式主要是透過有趣的故事發掘人生的意義。

邁克表示：「我們用喜劇來讓大家明白，即使生活中有挫折，也可以作為成功的養分，這樣一來大家就能做到自己該做的事。」他是如何在網路上傳達這個觀點呢？透過YouTube（請見圖16.5）。

邁克從二〇一五年開始製作YouTube喜劇節目《休息時間》（Break Time）。在這之後，他開始推出更多樣的頻道內容，像是加入他的單口喜劇短片（「如何打開Apple電腦」〔How to Turn on an Apple Computer〕以及「如何擦白板」〔How to Erase a Whiteboard〕），推出Podcast節目《即興發揮》（Off

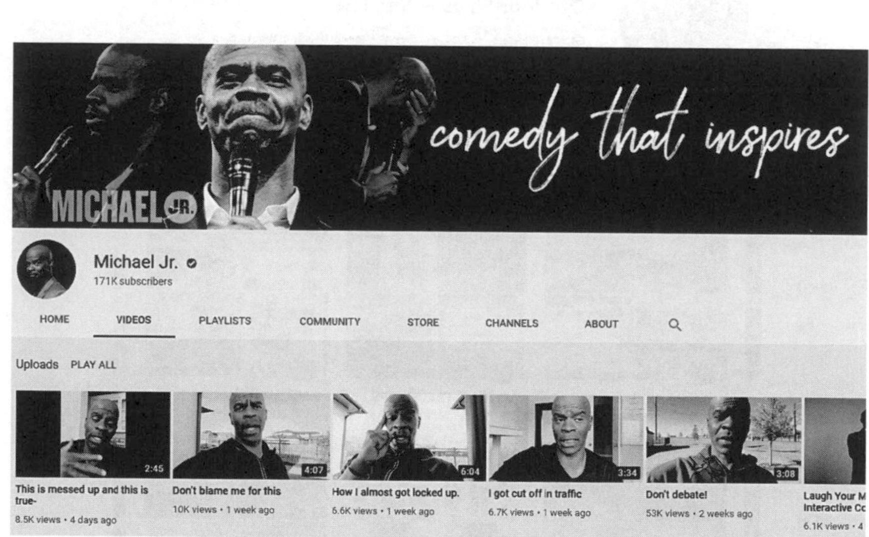

圖16.5 小邁克簡短易懂的YouTube影片為他帶來超過十七萬名訂閱者。

the Cuff），以及定期發布系列影片《我很好奇》（I Was Wondering），每一種內容在他的YouTube頁面上都有專門的區塊。總而言之，小邁克的YouTube頻道發展至今，已經有將近二十萬名訂閱者。

小邁克現在正全力投入拍攝電影《自拍老爸》（Selfie Dad），以及設計他的網路喜劇課程《人生真奇妙》（Funny How Life Works）。小邁克運用YouTube平台讓這一切得以實現。

》Medium

二〇一二年，Twitter共同創辦人伊凡・威廉斯（Evan Williams）推出新的發行網站Medium，旨在提供個人發表觀點的平台，無論身在何處都能以有意義的方式與他人分享。也許Medium稱得上是最適合創作內容的平台，社群也能持續針對內容給予意見回饋。

Medium上有個值得關注的趨勢，也就是許多思想領袖會在平台上轉貼自己的部落格或電子報。例如，紐約大學史登商學院教授史考特・蓋洛威（Scott Galloway）經營的電子報非常受歡迎，叫做《不仁慈沒惡意》（*No Mercy No Malice*）。蓋洛威每週除了傳送電子郵件給訂閱者之外，還會將內容發布到Medium，每篇貼文通常能輕鬆獲得三百多則回應，有效將流量帶回蓋洛威的電子報訂閱或Podcast。

影音部落客湯姆・庫格勒（Tom Kuegler）將Medium當作核心平台，每天在平台上發布一篇教學部落格貼文。庫格勒已經持續這樣的經營模式長達三年，現在已累積將近五萬名追隨者，他也因此具備穩定的經濟能力（圖16.6）。

Medium注意到許多思想領袖會轉貼自己的電子報內容，於是近期從平台上直接推出自家的電子報服務，現在Medium確實是功能十分強大的社群媒體工具。

» Snapchat

Snapchat的每日活躍使用者超過兩億人，起初是因為其中的聊天／照片分享功能而受到年輕使用者的喜愛，尤其是可以查看訊息的時限很短（後來Instagram效法推出限時動態功能）。在初期，Snapchat將重點放在人與人的交流，不過在後期又推出「Discover」區域，讓個人、品牌和大型發行商都可以在其中創作短片內容。

截至二〇二〇年一月，九成的Snapchat用戶年齡都介於十三至二十四歲，因此，如果你的目標受眾是青少年和年輕人，就應考慮使用Snapchat這個平台。連續創業家蓋瑞・范納洽（Gary

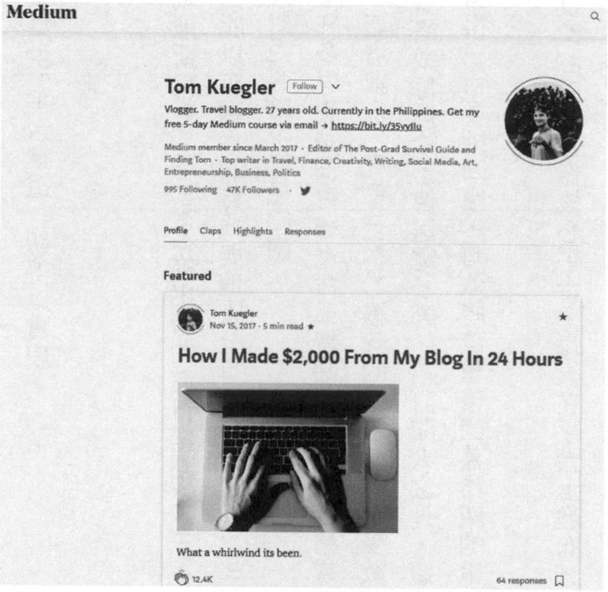

圖16.6 湯姆・庫格勒全心投入經營Medium的成效絕佳。

Vaynerchuk）透過在Snapchat向年輕人分享創業精神，而累積了大量的追隨者。就在這本書出版的幾個月前，我兒子問我是否知道Garyvee是誰（我曾參加過幾場范納洽也有出席的大會）。顯然，我兒子早就在Snapchat上看過不少Garyvee的短影片，並成為他的追隨者。

》TikTok

TikTok的使用者大約有十億人（單是美國就有一億多人），是全球成長最快的平台之一。TikTok在初期主要是服務年輕使用者的短影片分享平台，但在過去幾年間，卻吸引了各年齡層的使用者。話雖如此，到二〇二〇年為止，約八成使用者的年齡仍落在三十九歲以下。

馬庫斯・布里奇沃特（Marcus Bridgewater）在TikTok上的名稱是「庭園馬庫斯」（Garden Marcus），他單是靠著發布影片解說如何心懷慈悲和正念地照顧植物，就培養出七十萬名追隨者。不過一年多的時間，現在「庭園馬庫斯」每則影片的觀看次數平均都達到五萬，並爭取到多個贊助合約，例如由Greatist贊助的「與馬庫斯一起練習正念」（Mindfulnes with Marcus）。

最初，大多數的TikTok名人都是嘗試跨足TikTok平台的Instagram紅人。如今，由於平台獨有的演算法，你有機會可以直接在TikTok爆紅。不同於其他平台的演算法，TikTok似乎只注重優質內容，所以即使你的追隨者不多，只要內容夠好，還是有機會被瘋傳。

》Twitch

Twitch是以電動遊戲為主的直播平台，在二〇一四年由亞馬遜公司收購。截至二〇二〇年二月，平台上約有四百萬名獨立主播和共計一億四千萬名使用者。

一般Twitch使用者的每日平均觀看時數為九十五分鐘。如果你是正在建立內容創業模式平台的遊戲玩家，Twitch就會是你的首選。

泰勒．布萊文斯（Tyler Blevins）在平台上以Ninja的名號為人所知，他經由直播熱門電動遊戲《要塞英雄》（Fortnite）的實況，一舉成為Twitch名人。據CNBC報導，他的一千五百多萬名追隨者讓他每年賺進約一千五百萬美元。

在Twitch成功的關鍵似乎是要專注於經營單一遊戲，必須每天或幾乎每天直播遊戲實況。許多新手曾靠著在新遊戲（如《特戰英豪》）或現有遊戲的新版本（如《NBA 2K》）發售後立即開始直播實況，成功迅速竄紅。還沒有追隨者的玩家可以先成為Twitch名人頻道的活躍成員，再逐漸培養自己的追隨者。

》Reddit

雖然Reddit在外觀和氣氛上很類似社群媒體網站，但運作方式卻大不相同。Reddit的使用者有四億三千萬人（多於Twitter和Pinterest），由所謂的子看板（subreddits）構成。子看板是專門討論特定主題的社群，平台中有超過兩百萬個不同的子看板。

Reddit上很少有偶爾才上線的用戶。我的一些同事和朋友有在使用這個平台，他們在單一或多個子看板中非常活躍。在多數情況下，這是他們吸收特定主題的新聞和資訊的首選網站。例如，如果你是健身教練，可以在健身板 /x/fitness 或更小眾的子看板（如重訓板 r/StrongLifts5x5）成為專家。

關鍵是什麼呢？你需要成為真正的專家，不能直接開始推銷。Reddit使用者嚴格又無情，遠遠就能嗅出業配廣告的味道。

》Slack與Discord

我把Slack和Discord納入討論是因為可以用於建立功能強大的次要平台。Slack是付費協作／傳訊中心服務，有超過一千兩百萬名使用者。許多企業已經捨棄 LinkedIn 和 Facebook 社團，改為在Slack建立更理想的環境並享有獨特的使用者體驗，喬・哈格（Joe Hage）的「醫療行銷傳播集團」（Medical Marcom Group）就是一例。

可以將Discord視為專門服務遊戲玩家的Slack。以遊戲產業的內容創業模式而言，利用Twitch 作為主要平台，Discord 作為次要平台，打造出非公開社團的體驗，會是相當合適的策略。Discord 是我兩個愛打電動的青少年兒子最常使用的平台。一個兒子用來討論遊戲《特戰英豪》；另一個兒子則用來討論電玩《Minecraft》和主持程式工作小組。

》社群音訊與 Clubhouse

音訊社群 Clubhouse 在二〇二〇年橫空出世，並在二〇二一年初一炮而紅。Clubhouse是免費的語音社群媒體應用程式，使用者可以探索各種主題和房間，但只能透過 iPhone 使用語音交流。這種模式類似於參加現場活動，您可以參與任何自己想加入的討論，而且如果心生興趣，甚至可以提問或成為主講人。

社群音訊領域很快就變得競爭激烈。Twitter 已經開發出與Clubhouse類似且十分有競爭力的音訊功能Spaces，而Facebook 目前也在開發能匹敵的功能。

我長期使用Clubhouse來宣傳本書的不同章節並進行討論，每次都有超過 一百人參加，讓我受寵若驚。

取決於你的目標受眾，Clubhouse也許是個選擇，尤其是如果你想在社群平台上取得先發制人的優勢。

社群媒體內容計畫要素

如前所述，為追求最佳成果，你必須針對各個用於傳遞內容的社群媒體管道，一一研擬詳盡的計畫。當然，你可以任意在各管道分享任何內容，但這絕對不是理想的行事方法。首先，觀察大部分的行銷專家如何利用社群媒體傳遞內容，你會因此獲益良多。

擬定基本的社群媒體計畫時，先針對各個候選管道回答下列問題。

為達到何種目標而利用社群管道？

選擇在特定管道發表內容，應該要有合理的原因；就「增加追隨者」的本質而言，這個原因不夠具體，不過「增加在Facebook的粉絲人數，再將流量帶回公司網站，累積更多訂閱人數」就是很具體的原因。重點在於，發表在管道上的內容應該要成為有效的工具，將受眾引導至內容創業計畫的下一步驟——可以是從Facebook粉絲變為網站訪客、電子報訂閱者、活動參與人、或是任何可以從該平台獲利的方式。

一、期望受眾有何行動？

和上一道問題類似，請思考你希望使用者在社群管道採取什麼行動，分享？留言？造訪你的網站？報名活動？

二、受眾期望在社群管道取得什麼類型的內容？

你必須針對各個管道設計內容，因此要考量各管道適合傳遞哪一類訊息，並且製作出足以引起特定受眾共鳴的訊息。思考特定管道的受眾有哪些資訊需求，而你又能如何滿足這些需求，你主要是發布文字、圖像、還是影片內容？

三、社群管道適合什麼風格？

考慮各個管道的內容主題及形式時，也應該考量特定管道的整體風格，應該要友善？有趣？口語？或專業？

四、理想的內容發表頻率為何？

先行判斷各管道的內容發表頻率，是較為聰明的做法。你計畫每天或每週發表幾篇貼文？一天中最佳的時間點為何？例如，發布或回應Twitter推文、更新Facebook動態、或是推出新的SlideShare檔案，都應該有各自的步調。我們的工作團隊發現最合適CMI的頻率是：一天在Facebook發文一、二次；全天觀察Twitter動態；每天花費部分時間經營LinkedIn。不過每間企業都有所差異，因此你需要投入一點時間規劃最適合你和客戶的時程表。

規劃社群媒體內容時，讓目標主導你的決策。舉例來說，假設你的內容創業計畫目標是增加電子報訂閱者，那麼在Facebook和Twitter公開所有的部落格文章，會是理想策略嗎？如果讀者定期造訪社群管道就可以取得相同資訊，為何要需要訂閱你的電子報？想想看傑克·布徹是如何運用Twitter：他一天在Twitter上發表極為有趣的引用內容和圖像數次，接著追隨者就會前往他的網站查看更多其他內容。

警語

本書的前一版花了不少篇幅討論Google以及已不復存在的Google社群媒體平台。請切記，社群網路隨時可能會出售、改變宗旨或破產（MySpace就是一例）。善用你選擇的平台，但也別忘了，平台可能在一年內就消失，或者在過程中改變遊戲規則。在二〇二〇年底，屬於中資的TikTok公司在多起事件中與美國政府發生衝突，幾乎遭到永久禁用。在二〇二一年初，Facebook

禁止所有澳洲媒體公司使用其應用程式。社群媒體有其優勢，但千萬要注意隱藏的風險。

【參考資料】

Cooper, Paige, "How to Use Instagram Stories to Build Your Audience," Hootsuite, accessed October 12, 2020, https://blog.hootsuite.com/how-to-use-instagram-stories/.

"How to Use Newsletters," Medium, accessed October 12, 2020, https://helpmedium.com/hc/en-us/articles/115004682167-How-to-use-Newsletters.

Interview with Michael Jr. by Clare McDermott, August 2020.

Igbal, Mansoor, "Twitch Revenue and Usage Stats," BusinessofApps, accessed October 12, 2020, https://www.businessofapps.com/data/twitch-statistics/.

Issawi, Danya, "How Plants Help People Grow," New York Times, accessed October 12, 2020, https://www.nytimes.com/2020/08/18/style/self-care/self-care-plants-garden-marcus-tiktok.html.

Lin, Ying, "10 Reddit Statistics" Oberlo, accessed October 12, 2020, https//www..oberlo.com/blog/reddit-statistics.

"Number of Active Monthly Facebook Users." Statista, accessed October 12, 2020, https://www.statista.com/statistics/264810/number-of-monthly-active-facebook-users-worldwide/.

Sehl, Katie, "28 Pinterest Statistics Marketers Should Know in 2020," Hootsuite, accessed

October 12, 2020, https://blog.hootsuite.com/pinterest-statistics-for-business/.

Tillman, Maggie, "What Is Snapchat, How Does It Work and What's the Point?," Pocket-lint, accessed October 12, 2020, https://www.pocket-lint.com/apps/news/ snapchat/131313-what-is-snapchat-how-does-it-work-and-what-is-it-used-for.

第六部　創造收益

讓我告訴你在華爾街致富的祕訣：

別人恐懼時，你要貪婪；別人貪婪時，你要恐懼。

——————————————華倫・巴菲特（Warren Buffett）

你已經與忠實受眾建立穩定關係，也已打下基礎並往多方拓展管道，而現在就是收成的時機。

第十七章 可持續的獲利

小姐，我知道牛排確實是過熟，
但你有必要在抱怨之前全部吃完嗎？

——電影《哈啦上菜》（*WAITING*），餐廳經理丹

為事業找到合適的獲利模式需要時間，在此同時，你應該試驗各種從內容資產獲利的方式。

▲如果你已經充分掌握這個概念，請直接跳至下一章。

根據Copyblogger創辦人布萊恩・克拉克（Brian Clark），內容創業模式達到最低可行受眾數（minimum viable audience，MVA）之後，便能創造收益。克拉克指出：「當你培養出MVA之後，受眾會開始透過社群分享與口碑自行成長。除此之外，這時你也會開始收到回饋，有助於你判斷受眾真正想購買的產品與服務。」

不過，真正成功的內容創業企業不會止步於MVA或一定的訂閱人數，接著便決定開始銷售產品。從頭到尾，這些充滿熱情的創業家都是以創意思考支撐商業模式，讓整套模式持續發展。

現在你應該已經明白，打造內容創業模式需要時間。儘管如此，你和你的家庭還是得過生活。本章將會分享我是如何熬過收入不佳的日子，以及如何開始透過受眾創造收益。

探尋財源

我在展開內容創業模式事業時並沒有穩定的收入來源，因此當我開始創業，也同時針對媒體公司與相關組織提供顧問服務。

某次的客戶是小型非營利組織，這個屬於機械工程產業的組織需要一套策略，從出版品組合創造新的營收模式，因為旗下雜誌的廣告收入正緩慢衰退。除此之外，該組織也有銷售線上橫幅廣告與按鈕，試圖增加數位營收，但成果也不盡理想。更糟的是，由於營收毫無起色，組織內瀰漫著對大量資遣的恐懼。

經過數小時分析這個組織的媒體資訊，並且與業務與行銷團隊的員工訪談之後，我發現幾個關鍵問題：

- 銷售團隊習慣且著重於銷售印刷廣告，他們對於販售線上產品完全不了解。
- 該組織主要的合作廣告商僅是抱持嘗試的心態。
- 該組織並沒有數位銷售策略，業務人員全都是即興發揮。
- 官方網站的流量仍處於萌芽階段，此時要銷售數位產品非常困難，因為該組織的網站尚未有足夠的受眾關注內容。

看來眼前是一條漫漫長路，通常這是正常狀況，但我的客戶表示沒有時間等待網站流量成長，他們現在就需要新的營收才能生存。

為應付如此急迫的需求，我們規劃出一套模式「限制存貨量」模式。如果你對印刷廣告銷售員的工作稍有了解，就會知道重點向來都在於存貨量。你可以隨時在雜誌上增加頁數以刊登廣告，而如果新的營收就在眼前，雜誌發行商也樂於增加頁數，即使有銷售目標和預期頁數，還是可以隨時賣出更多廣告。

這正是該組織業務販售數位廣告的方式：可以銷售的廣告篇幅無限，網路讀者群卻有限，最後沒有人願意購買網路廣告。

全新的「限制存貨量」模式運作方式如下：

- 將「廣告」改稱為「贊助」。
- 限制每個月的贊助數量——從無限多（理論上）限縮為六個贊助機會。
- 贊助商將會以標誌形式出現在每個頁面底部，並且註明為「組織合作夥伴」。
- 由六個贊助商平分所有「庫存量」，意謂每個贊助商的數位廣告宣傳對象，是六分之一的網站訪客。
- 相較於以前的展示型廣告支出，大幅增加贊助支出。
- 若贊助商願意增加五成的投資，可獲得獨家贊助權。

起初，銷售團隊完全不贊同這個想法，業務認為限制可銷售的產品會危及業績。此外，他們也不欣賞「六個贊助商」的概念，因為這等同於拒絕部分廣告商，而一旦這種情況發生，組織會因為沒有接受全數的資助而信譽受損。

幸運（或不幸）的是，我們別無選擇；我們只剩不到三個月扭轉情勢，否則眾人就會面臨失業。一週後，我們同時發送電子郵件給所有潛在廣告商，說明名組織提供的贊助機會。電子郵件寄出後，業務開始致電重要客戶，詳細解說贊助機會，說辭基本上是：「錯過就真的沒辦法了，但是我真的希望你們可以優先得到這個機會。」

一週之內，確定的贊助已經排滿六個月。沒錯，我們的庫存銷售一空，而從營收的角度看來，較去年的數位營收成長了五倍。

在此之後，組織內全部的數位產品皆以限制庫存量的模式銷售，包括網路研討會、電子書、和白皮書的贊助，以及列入專業企業名錄的機會。

贊助商模式

這則經驗故事有什麼重要性？正如我們先前的討論，內容創業模式是類似「資訊年金」的概念，需要時間和耐心才能成功。如果你和這則故事的情況類似，大概會需要額外的收入來源，直到你培養出受眾並且開發出終極產品。

而以下的情況，就發生在我完成上述組織的顧問工作數個月之後。

我太太原本是優秀的社工人員，數年前我尚未開始創業時，她就已經離職在家照顧兩個分別是三歲和五歲的兒子，因此我們需要收入維持生計。當然，我們盡力減少開支，但還是需要支付房貸、車貸、以及扶養兩個孩子。我的顧問工作收入充足，不過由於公司需要大量投資未來產品（內容行銷媒合服務），整體收入還是不夠養家。一直到二〇〇九年，我的公司還是不停的燒錢。

結果這項核心媒合服務並沒有如我預期的成長，換言之，這套財務模式有缺陷。我越是仔細檢查這套模式，心態就越是負面，與太太長談數次之後，我差點就要放棄創業、回頭找工作。

這時，限制存貨量模式出現在我的腦海中。

軸轉

費時兩週思考該加倍下注還是棄船逃命之後，我回頭分析透過部落格培養的受眾（基礎）。

- 受眾最急迫的需求為何？
- 受眾想要購買什麼？
- 我們是否忽略了一些容易獲得報酬的營收機會？

我們大多數的受眾需要有助於內容行銷的培訓以及工具，這也難怪經常有受眾要求諮詢與演說服務。他們的需求並不是內容供應服務，而是教育訓練。這項發現從此扭轉了戰局！

我們決定改變贊助與活動的獲利模式，但問題是：公司現在就需要營收。

於是我們開始採行限制存貨量模式——贊助商限定方案。我立即致電和寄出電子郵件給公司主要的贊助商，提供他們資助新計畫的機會，只有十家公司有機會成為我們的「贊助商」，而每個贊助商可以分得一成的網站宣傳資源，也可以將內容發布在我們的網站（經過核准的贊助內容）。

幾週之內，贊助機會便全數售罄。這套策略讓我們的事業軸心有充足資金，可以繼續發展。隔年，我的公司名列《企業家》雜誌北美地區成長最快速的前五百名私人企業。

持續營利直到確定產品概念

你可能會和大多數的內容創業創業家一樣，需要在創業過程中持續尋找收入來源，才能負擔所有開銷。CMI的解決之道是贊助商模式；數位攝影學院（Digital Photography School）則是利用聯盟行銷策略；遊戲理論（Game Theory）透過YouTube廣告營利；Electric House選擇提供客製化內容；Copyblogger則由販售合作產品收取費用。

如今這些公司都已成為市值數百萬美元的企業，成長速度皆數一數二。

下一章的內容將說明各種在平台上開發和販售產品的機會，而在你走到那一步之前，請向其他成功的內容創業創業家學習，如何發揮創意支付開銷。

何時可以開始由平台創造收益？

我經常有機會與創業家會面，他們時常問起何時可以開始透過產品或服務營利，我的答案向來是：「今天！」

應用內容創業模式時，並不是要在經歷前五個階段之後，才開始思考如何創造收益，而是應該從創業的第一天，就要思考如何從平台營利。CMI的成功模式是透過滿足贊助商的需求營利，而正是這筆營收讓我們有機會擴張平台。

《數位相關性》（*Digital Relevance*）等書的作者阿德斯．阿爾比（Ardath Albee）認為，開始內容行銷的最佳方法，就是從最具影響力的人際關係著手。相同的道理也適用於內容創業營收模式；如果你有長期經營具影響力的人脈，這些人物就是你發掘獲利機會的首選。

【參考資料】

Albee, Ardath, Digital Relevance, Palgrave Macmillan, 2015.

第十八章 打造營收模式

能夠利用他人擲向自己的磚頭堆砌出堅實地基，才能稱得上是真正的成功。

——大衛．布林克利（David Brinkley）*

一些最具代表性的內容型模式都是以多種方式透過受眾獲利，本章會介紹十種營收模式供你選擇。

▲如果你已經充分掌握這個概念，請直接跳至下一章。

* 美國知名新聞主播。

根據雜誌《創業家》(*Entrepreneur*)統計，大多數人都是以非常有限的方式賺錢，領取企業薪水的個人員工通常僅有一種或兩種收入來源(薪資以及投資帳戶)。也許你身邊就有不少這種人，他們每天重複著相同的工作只為了支付開銷，每個月剩餘的存款或投資金額也不多。

相反的，百萬富翁的收入來自多個管道，不論是同時經營多種事業(其中包含多種產品與服務)、不動產交易、或各式各樣的投資等等。

採用內容創業策略的創業家正是抱持著這種思維。

音樂家、YouTube名人和內容創業模式實例羅伯．史坎隆(Rob Scallon)如此解釋他的想法：「我總是在想新的方法多樣化拓展和增加收入來源。最近我的樂團有一首歌授權給全國性的電視廣告，我覺得大受鼓勵。我很樂意授權更多歌曲，也願意代言產品……光是從我的YouTube頻道就可以發展出非常多種收入來源，所以我不僅善用這個管道，也從中得到不少樂趣。」

無論你是正在創業的企業家，或是在大型組織中執行內容創業計畫的負責人，都應該隨時思考有哪些不同的做法，可以運用長期累積的內容資產創造收益。

營收漣漪效應

「速度夥伴」(Velocity Partners)的共同創辦人道格．凱斯勒曾在內容行銷計畫中討論到「漣漪效應」。一般而言，行銷人員衡量內容企劃時，都是以增加銷售量、減少支出、或是增加忠實客戶人數等數據判斷。儘管這些都是明確的目標，也有相應的指標可參考，但凱斯勒認為還有一項更關鍵的指標，也就是所謂的「漣漪效應」。

漣漪指的是內容創業計畫中意料之外的益處，例如受邀擔任活動演講人；有人經常提起你的專業；或是在成為領域首席專家之後，其他非預期內的好處隨之而來。

以內容創業計畫的營收層面而言，漣漪效應是最重要的一環，畢竟剛開始投入內容創業模式時，我們基本上還不確定有哪些可能的營收管道。舉例來說，河流泳池裝設公司當初完全沒料想公司的內容創業營收竟是來自生產製造；馬修．派翠克之前也從未想過自己有一天會成為YouTube的專家顧問。

我們必須努力一段時間才能走到這一步……不過當這一天到來，收穫將會非常可觀。

為何需要多種收益來源

只有一兩種收入來源沒什麼錯，但如果出了差錯，你可能會面臨大麻煩。

> 事情老是會出錯。對了，一定要用銅的，我只用銅管。銅管貴就貴在可以省錢。
>
> ——引用自電影《發暈》(*MOONSTRUCK*)

世界上最具創新能力的公司，如亞馬遜、迪士尼和Google，都擁有六個以上的收益來源。如果沒有不斷成長且活躍的訂閱者受眾，幾乎不可能打造出六種以上的獲利管道。現在是開始準備為你的商業模式升級了。

案例分析：名廚麥可・西蒙（Michael Symon）

麥可・西蒙可說是俄亥俄州克里夫蘭最為人所知的名人，他的創業之旅以頗為平常的方式開始（以餐廳經營者而言），也就是分別在克里夫蘭以及紐約開設餐廳。他的事業緩慢成長，展店數漸漸增加，不過一直到二〇〇七年，麥可登上電視節目《美國鐵人料理》（Iron Chef America）之後，情勢才澈底改變。自此開始，麥可經常演出「美食頻道」（Food Network）的節目，最後甚至在ABC電視台主持每日聯播脫口秀《閒聊》（The Chew），達到事業高峰。

麥可每天都出現在多個聯播節目中，累積觀看次數可達數百萬，然而真正的關鍵在於短短數年內，他將這些觀賞人次轉換成百萬名社群媒體粉絲，培養出自己的受眾。

麥可的餐廳生意興隆，更另外開設聚會餐廳「Bar Symon」以及出色的漢堡店「B Spot」。目前，麥可合資開設且有獲利的餐廳不下數十間，但最值得注意的部分是他的副業活動。麥可打造新的平台並由此創造額外收入，例如：

- 書籍——《麥可西蒙為煮而生》（*Michael Symon Live to Cook*）、《閒聊：晚餐吃什麼》（*The Chew: What's for Dinner?*）、《療癒美食》（*Fix It with Food*）以及《麥可西蒙玩火之旅》（*Michael Symon's Playing With Fire*）。

- 授權精緻餐點品項給多處機場與運動場館。
- 演出節目，例如參與美食頻道的《美國鐵人料理》（Iron Chef），以及主持個人節目《漢堡、啤酒與燒烤》（Burgers, Brew & 'Que）。
- 個人品牌的經典刀具組。

以上僅僅是麥可的部分副業，名廚西蒙以及其他打造內容創業平台的名人之所以成功，是因為他們從內容開發出多種營收管道。短視近利的經營模式只會利用暴增的知名度提升餐廳營收，但麥可．西蒙卻培養出自己的受眾，並且透過數十種方式獲利。

內容創業營收實例

以下是部分內容創業事業如何由受眾創造收益的實例。

YouTube美妝名人蜜雪兒．潘（Michele Phan）由以下方式創造收益：

- YouTube廣告費
- 書籍版稅
- 演出報酬

- 推出音樂品牌「Shift Music Group」
- 創立美妝訂閱服務「Ipsy」（於二〇一七年退出）
- 成立音樂授權新創公司 Thematic

「雞的悄悄話」創辦人安迪・施奈德從平台營利的做法如下：

- 活動贊助
- 雜誌訂閱費用
- 雜誌廣告費
- Podcast 贊助
- 演出報酬
- 書籍版稅
- 網站贊助

「數位攝影學院」創辦人達倫・勞斯利用下列方式發展平台：

- 聯盟計畫（透過網站宣傳賺取廣告費）
- 銷售電子書與教學課程

- 付費線上訓練課程
- 徵才服務
- 線上廣告

運作原理：內容行銷學院（CMI）

二〇一〇年我們正式成立CMI，專門為企業行銷人員提供教育和培訓，並將重點放在內容行銷。在第一年，我們的總營收不到六萬美元（不是利潤，只是營收）。到了二〇一六年，CMI的營收超過一千萬美元，淨利率高達百分之二十五。同年，我和妻子將這項事業出售（後文會詳細說明）。模式本身相當簡單明瞭：我們培養出忠實的行銷專業人士受眾，從二〇一〇年的僅數千人成長到二〇一五年的二十多萬人，並以數十種方式透過受眾獲利。

我們將收益分為三種不同的範疇：現場活動、數位管道和提供見解。請注意：我於二〇一七年底正式離開CMI，當時我可以得知最新資訊。在撰寫本書的同時，CMI仍是強大且不斷成長的社群，但我並不清楚平時運營的全貌。

- **現場活動**

CMI營收模式中最主要且獲利最高的來源是主辦現場活動。

〈內容行銷世界(Content Marketing World)〉

「內容行銷世界」是我們最具代表性的活動，每年九月有四千名來自全球七十個國家的業界代表來到克里夫蘭參與。會場包含一百場參與者可自行選擇的演講，以及展示最新內容行銷技術的大型展場。

參與者平均會支付一千兩百九十五美元參加大會。約有四分之一的參與者購買全場通行證，其中包括兩場工作坊和所有演講的影片，費用約兩千五百美元。贊助商平均投入約一萬五千美元，用於攤位或其他贊助選項，支出介於幾千美元到十萬美元不等。活動總收入約有七成來自參與者付費，其餘三成來自贊助資金。「內容行銷世界」的總利潤超過四成。

〈其他活動〉

CMI也會舉辦各種規模較小的活動，包括在紐約的工作坊，以及在舊金山的內容技術活動。

- **數位管道**

〈贊助商〉

「贊助商」方案是CMI的首個收入來源(請見前一章)。這是一種結合廣告、贊助和內容的方式，專為希望透過網站觸及CMI目標受眾的公司設計，而我們的網站每年造訪人次多達一百萬以上。第一年，我們針對全年贊助收取一萬五千美元的費用。幾年後，我們將價格提高到四萬美元，並將贊助機會縮減到每年僅有十家贊助商。

贊助商方案包括：

- 在CMI網站上發表知識性部落格文章的權利（需經過CMI編輯核准）。
- 線上展示贊助商橫幅廣告十二個月（佔所有廣告商曝光度的百分之十，使用250×250廣告素材單位）。
- 在CMI每週電子報和每日部落格提示訊息中加入贊助商廣告（最少每年四十次）。
- 所有CMI網頁頁腳皆會顯示贊助商品牌標誌。
- 可優先參加特別合作計畫和獲得其他機會。

〈Podcast〉

CMI於二〇一三年推出Podcast節目《這個舊式行銷法》（This Old Marketing），由我和羅伯特・羅斯一起評論一週的行銷新聞。我們的節目形式是效仿ESPN的談話節目《抱歉打斷一下》（Pardon the Interruption）。

第一個月節目的下載次數是一千次，而四年後，每月下載次數約十萬次。每一集節目都一個主要贊助商，會提供一份知識性內容供我和羅伯特進行討論或推廣。每月營收從六千美元到一萬美元不等。（有時候，CMI的一集節目會有兩個贊助商。）

〈出租電子郵件清單〉

許多CMI的電子報訂閱者會勾選願意收到相關合作夥伴的訊息。每週四，會有一個CMI合作夥伴購買CMI的電子郵件清單，以向行銷從業人員推廣白皮書、電子書或其他有價值的資訊。

CMI會代表這個合作夥伴傳遞這些內容，每千筆電子郵件地址的費用約三百美元。

〈網路研討會〉

每個月，CMI都會為CMI的受眾舉辦三場有贊助的知識性網路研討會。每場網路研討可以吸引五百至一千人報名，其中約四成會參加直播活動。CMI會與各個贊助商合作，以確保網路研討會的內容符合參加者的需求以及贊助商的目標。網路研討會的贊助費用平均為一萬九千美元。

〈線上活動〉

CMI會舉辦名為ContentTECH的免費線上活動，宗旨是介紹最新的內容行銷技術。ContentTECH有四千人報名參加，以及十二家贊助商，總營受超過十萬美元。

● 提供見解

〈線上培訓課程〉

CMI於二〇一五年推出線上培訓計畫，專為無法參加CMI實體活動的行銷專業人士提供教學和培訓課程。CMI大學每年開放四次報名（一季一個學期），每人每年需繳交九百九十五美元的費用。此外，CMI也會向有意培訓整個行銷部門的公司提供企業套組方案。

〈顧問服務〉

儘管CMI每天都會發布教學內容，但有些公司需要實作型的培訓方法。CMI與許多企業合作，提供客製化的培訓課程，包括AT&T、Petco、蓋茲基金會、Capital Group、Citrix、SAS、Dell、Adobe、Abbott等。這些實體顧問服務的價格從一萬五千美元到四萬五千美元不等，取決於服務內容。

〈研究〉

比起CMI產製的其他內容，CMI的原創研究最常被加入其他網站的連結。二〇一〇年，CMI與「行銷專家」（MarketingProfs）合作展開並公開一份年度評比研究，該研究於每年六月進行。我們每年都會在「內容行銷世界」（九月）公布初步結果，並在接下來的十二個月內陸續發布子報告，包括B2B、B2C、非營利組織、企業、小型企業、製造業等。

每份報告都會彙整為四十頁的電子書，由CMI合作夥伴提供贊助，每份報告約一萬五千美元。此外，CMI還會為知名品牌進行小型研究專案，以CMI受眾為研究對象，最後再編寫並發布報告。這些贊助報告的費用從兩萬美元到四萬美元不等。

〈內容行銷大獎〉

二〇一四年，CMI買下「代表作大獎」（Magnum Opus Awards）計畫，並改名為「內容行銷大獎」（Content Marketing Awards）。超過四百個組織提交了一千兩百多份報名作品，涵蓋了七十五種以上的內容行銷類別，並由一百多名志願者擔任評審。這樣計畫帶來總計約四十萬美元的收益，以及無數的內容創作機會和令人驚嘆的產業見解。

總而言之，CMI已經成功以多種管道透過忠實受眾獲利，而且維持高度的成長率。同時，每項計畫有助於行銷其他可獲利的CMI產品。網路研討會可以帶動實體活動，而實體活動帶動了行銷大獎，依此類推。CMI深信，一旦培養出忠實受眾並用心經營，理論上只要CMI繼續履行對讀者的承諾，幾乎可以推出任何相關的產品或服務，並發展成有獲利能力的業務。

營收管道

培養出忠實受眾後，你可以專注於耕耘能從受眾身上獲利的管道。如圖18.1所示，總共有十種不同的營收來源：六種直接來源與四種間接來源。

一、直接營收管道

企業可以直接從受眾群獲利的六種方式包括廣告／贊助、研討會與活動、優質內容服務、捐款、聯盟行銷與訂閱。

1. 廣告／贊助

提高直接收益的最普遍的方法就是廣告和贊助，亦即企業願意支付費用以直接接觸你的受眾。

〔傳統廣告〕：經過時間的考驗，傳統廣告仍然十分有效。

- **如何煮出那道菜**（How to Cook That）。YouTube烘焙女王安．里爾頓的頻道「如何煮出那道菜」現在擁有超過四百萬名訂閱者，因此她的主要收入就是來自YouTube廣告費。在資源非常有限的情況下，安專注於經營所謂「超乎想像的甜點成品」，成功讓自己的內容脫穎而出。
- **晨間快訊**（Morning Brew）。「晨間快訊」專為千禧年世代設計每日電子報，內容結合了商業和生活風格兩大主題，並帶有與眾不同的態度。每一期電子報都含有以

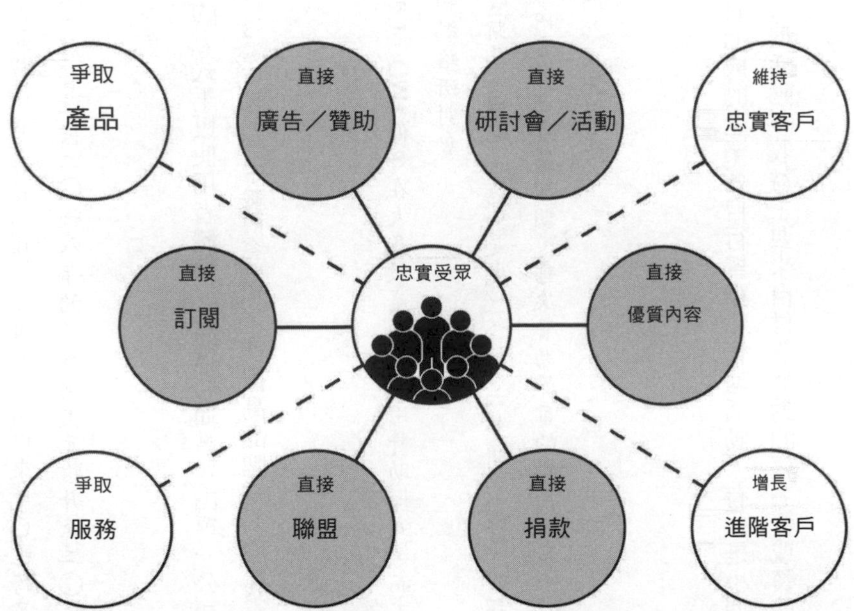

圖18.1 內容創業模式可以透過十種不同的方式創造收益。

和電子報相近風格編寫而成的內容創業品牌廣告。「晨間快訊」自其推出以來，已經跨足多個有明確受眾的電子報和Podcast事業，將營收從二〇一八年的三百萬美元推升至二〇二〇年的兩千多萬美元。

〔**贊助**〕：廣告通常會以產品或內容推銷的方式干擾使用者體驗，而贊助通常是由單一公司資助一篇內容。贊助的好處包括獲得潛在客戶（透過有贊助的下載內容）和／或提高品牌知名度（透過贊助Podcast或電視節目）。

- **內容行銷學院**（**Content Marketing Institute**）。CMI偏好在大多數產品上採用贊助模式，而不是廣告。這包括贊助研究報告、電子書和網路研討會。
- **《媒體之聲》**（**Media Voices**）。從英國發跡的《媒體之聲》是從二〇一六年開始經營的每週Podcast節目，提供專為發行人設計的內容。在發展初期，每次贊助節目的費用約為六百美元，現在這套模式已經發展到每次贊助約三千美元。

2. 研討會與活動

根據CMI／「行銷專家」的研究，大約有七成的企業會自行舉辦和管理活動。有些是小型的客戶聚會，有些則是設有展場和同步演講的大型活動。收益主要來自付費活動的報名費或贊助資金，例如派對或展覽空間。

- **雞的悄悄話**（**The Chicken Whisperer**）。安迪·施奈德從「雞的悄悄話」平台跨足到出書、發行雜誌（訂閱者超過六萬人）以及主持廣播節目，這個已有七年多歷史的節目每週訂閱者超過兩萬人。話雖如此，有廠商贊助的巡迴演出才是他獲利模式的核心。
- **Inkers Con.**。亞麗珊卓·托瑞在推出多本暢銷書和大受歡迎的書籍出版培訓課程後，創辦了名為「印刷專家社群作家大會」（Inkers Con Authors Conference）的活動。托瑞表示：「如果你能撐過第一年，第二年會容易很多。我們在第一年犯了各種錯誤，但最後還是一場很精彩的活動。」二〇一九年的實體大會售出了四百張門票；二〇二〇年的線上活動則賣出七百五十張門票，每人要價兩百四十五美元。
- **Lennox Live**。Lennox是全球最大的暖氣空調設備製造商之一。每一年，Lennox Live都有來自美國各地的知名承包商和經銷商參與，提供有關技術、行銷和商業實務的教學課程。參展合作夥伴包括Honeywell、Cintas和Fluke等公司。Lennox的直接收益來自入場費以及十多家製造和服務合作夥伴。

3. 優質內容

優質內容方案可以經由多種形式推出，包括直接出售的內容產品和內容聯賣。

〔內容產品〕：

- **數位攝影學院（Digital Photography School，DPS）**。達倫．勞斯創辦的DPS專為攝影初學者提供豐富的教學內容，向他們示範如何充分利用拍攝技巧。DPS每年都會發行直接銷售的優質電子書和專業報告，因而創造數百萬美元的收入。銷售優質內容已成為DPS獲利策略的主軸。
- **BuzzFeed（Tasty）**。BuzzFeed的獲利來源之一是客製化食譜書。BuzzFeed推出的食譜書《美味食譜》（*Tasty: The Cookbook*）是一本買家可以依照自己偏好的口味客製化的紙本書。初次發行後的幾週內，BuzzFeed就賣出超過十萬本。
- **行銷製作人（Marketing Showrunners）**。傑伊．阿昆佐創辦的Marketing Showrunners是一間媒體和教育公司。短期數位工作坊是公司獲利最高的產品之一，在這些為期八週的課程中，每位學生需要投入四到六小時的時間，學費為一千五百美元，課程內容包括：
  - 與傑伊進行一對一的策略諮詢。
  - 與全球頂尖的Podcast主持人、創作者和行銷專家進行現場討論，深入探討特定的技能和主題，例如立論基礎開發、採訪技巧和敘事節目製作。
  - 定期開放諮詢時間，與傑伊一起解決特定難題。

對傑伊來說，重點不在於有多少人收聽，而是這些節目如何產生共鳴。在二〇二〇年，傑伊的業務百分之百來自首次收聽節目的人，而他的節目每集下載量從未超過三百次。

〔**內容聯賣**〕：內容聯賣指的是第三方網站付費以取得發布原創內容的權利。

- **紅牛**（Red Bull）。紅牛的「內容庫」（Content Pool）收錄數千種影片、照片和音樂作品，媒體公司和內容製作者可以直接向 Red Bull 購買版權。
- **史考特．亞當斯**（Scott Adams）。身為《呆伯特》（*Dilbert*）的作者，亞當斯現在已經是百萬富翁，除了連環漫畫之外，他的收入來源包括演講和出書。亞當斯最初就是將大受歡迎的《呆伯特》漫畫聯合出售給世界各地的報紙和網站，才奠定職業生涯的基礎。

4. 捐款

一般來說，募款來資助組織發行作品，是最適合非營利和公益組織營運的模式。

- **Pro Publica**。Pro Publica 是非營利組織，主要將資金用於調查報導。Pro Publica 由前《華爾街日報》主編保羅．史泰格（Paul Steiger）創辦，雇用了五十多名記者，主要資金來自 Sandler 公司，該公司也在 Pro Publica 成立初期提供多年的金援。此外，Pro Publica 也接受任何因認同組織願景而給予的長期捐款。
- **《瓊斯母親》**（*Mother Jones*）。和 Pro Publica 一樣，雜誌《瓊斯母親》大部分的資金來自讀者直接捐款（請見圖 18.2），而且每篇文章的結尾都有號召行動的文字。
- **反人類牌**（Cards Against Humanity）。在二〇一三年，這款卡牌遊戲推出「為反人類牌捐出五美元促銷」（Give Cards Against Humanity $5 Sale）活動，邀請受眾支付五美元，但不提供任何回報。最後他們再沒有販賣任何東西的情況下募得超過七萬美元。

〔微型募資〕：

- **Kickstarter／Go Fund Me**。美國退伍軍官布萊恩．斯特勒（Brian Stehle）的夢想是寫一本童書，但他需要資金支付前期製作費用。布萊恩向Kickstarter尋求幫助，向親友募款四千兩百美元的創業資金。不過數天，布萊恩就達到目標。現在，他的聖誕節童書《休假一日》（*One Day Off*）已經順利問世。
- **Creator Coins與NFT**。Creator Coins讓內容創作者可以他們的網路建立經濟體系。Rally.io和Roll（tryroll.com）等公司會在以太坊（ERC-20）網路上鑄造一枚代幣，然後將存取權授予所有者，所有者就能與自己的社群分享代幣。我們

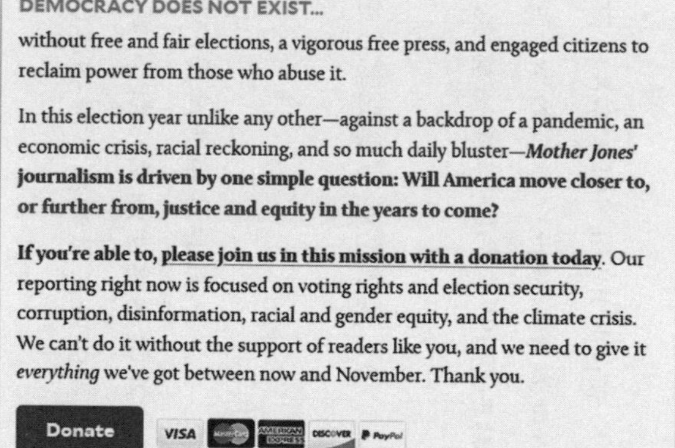

圖 18.2《瓊斯母親》大部分的受益來自直接捐款。

已經在這方面大有進展，成功在Rally.io（https://rally.io/creator/TILT/）上鑄造我們自己的代幣（STILT）。當社群成員分享我們的內容或電子郵件，我們會給予獎勵，例如提供獨家內容和福利作為回報。

在相同領域，NFT（非同質化代幣）於二〇二一年迅速興起。現在藝術家紛紛推出創作內容的獨家版本（請見SuperRare和MakersPlace），音樂家（例如里昂王族〔Kings of Leon〕）則是開始出售專輯封面設計和粉絲套組產品。

5. 聯盟行銷

〔產品——聯盟行銷〕：

- 《當紅企業家》（Entrepreneur on Fire）。《當紅企業家》是約翰．李．杜馬斯經營的熱門Podcast系列節目。約翰和許多公司合作，約翰負責為這些公司宣傳，這些公司則根據點擊數或實際產品銷量支付聯盟行銷費用。《當紅企業家》每個月都會公布營收和利潤；二〇二〇年八月的聯盟行銷收入為兩萬一千五百五十七美元。

聯盟行銷收入的運作方式如下：如果你點擊我的聯盟行銷連結，並註冊我推薦的產品和服務，我就可以賺到傭金。

《當紅企業家》二〇二〇年八月的聯盟行銷收入細項如下：

創業家資源：$13,703

- Audible：$102
- Click Funnels：$13,395
- 指導推薦：$148（透過電子郵件聯絡我，由我介紹一位線上商務導師或以專精於 Podcast 的導師）
- ConvertKit：$58

創業家課程：$6,820

- Knowledge Broker Blueprint by Tony Robbins：$3,761
- Create Awesome Online Courses by DSG：$97
- Crush It with Challenges by Pedro Adao：$2,962

Podcast 資源：$536

- 透過 Podcast 播報新聞：$73
- Splasheo：$198
- Libsyn：$210（使用促銷代碼 FIRE，本月剩餘天數和下個月免費）
- UDemy Podcast 課程：$55

其他資源：$498

- 亞馬遜聯盟行銷：$116

- 其他：$382
- **線剪**（The Wirecutter）。線剪是專門介紹電子產品和優惠的網站，在二〇一六年被《紐約時報》以三千萬美元收購。網站每次賣出網站上推薦的產品，都可以從中賺取一點費用。這些收入相加起來相當可觀；在二〇一五年，線剪的聯盟行銷收益超過一億五千萬美元。
- **BuzzFeed**。根據《華爾街日報》，BuzzFeed在二〇一九年單是靠著聯盟行銷連結就賺進超過三億美元。

6. 訂閱

訂閱方案和優質內容的差異在於，訂閱是由消費者付費，而公司承諾在一段時間內持續提供內容（通常是一年）。

- **Copyblogger**。布萊恩·克拉克在出售軟體產品部門後，將Copyblogger的營收來源集中在教育和培訓，並成立以年為單位的會員計畫Copyblogger Pro，內容包括基礎培訓、每月進階行銷大師課程以及長期指導，年費為四百九十五美元。
- **行銷公司管理學院**（Agency Management Institute）。經營者德魯·麥克倫（Drew McLellan）的事業有多個營收來源，包括各種贊助和活動。最主要的獲利管道是年度會員制度，其中行銷公司經營者有機會在一年中與其他行銷公司經營者私下會面。會員資格分為多個等級，最高等級的年費為三千美元。

- **The Hub**。蘿拉．摩爾（Laura Moore）和蘿拉．戴維斯（Laura Davis）起初是在英國透過Facebook社團成立The Hub，後來發展成以社群媒體經理為主的會員制網站。「頭三個月我們把目標訂在五十名會員，結果卻超過一百人。」摩爾如此說道。成功轉型為會員制網站的第一年，他們的營收約為三十萬美元。
- **納森．塔卡斯**（**Nathan Tankas**）。納森在二〇一五年開始在線上累積追隨者，但同時從未放棄找一般的工作。最近，他將內容轉換為探討貨幣機制。他在這個主題發掘一些未解的問題之後，在COVID-19疫情期間發行名為《危機筆記》（Notes on the Crisis）的電子報，吸引了四百五十名訂閱者，每位訂閱者支付的費用為一千美元。他認為自己可以經由演講和寫作專案再賺進兩萬美元。
- **Substack**。電子報供應商Substack最早是為協助文字工作者培養受眾而設計的免費工具。有了受眾之後，Substack讓文字工作者可以出售付費會員資格（Substack會抽取一定比例的費用）。Twitter在近期收購了與Substack類似的服務Revue。
    - 前Adweek媒體與技術編輯喬許．史坦伯格（Josh Sternberg）在COVID-19疫情引發經濟衰退期間面臨失業。不久之後，喬許透過Substack推出了以媒體產業為主題的電子報《媒體狂人》（*Media Nut*）。喬許在短期內就培養出忠實且不斷成長的受眾，也為自己創造了收入來源。
- 艾蜜莉．阿特金（Emily Atkin）的氣候科學電子報《*Heated*》的每月訂閱費用為八美元（訂閱一年為七十五美元）。

- 雅各．科恩．唐納利（Jacob Cohen Donnelly）於二〇一九年八月推出《媒體操盤手》（A Media Operator），以媒體商業為主題，每年訂閱費為一百美元。

Substack的競爭對手包括Campaignzee（由Mailchimp推出）、Patreon、Buy Me A Coffee以及Revue（母公司為Twitter）。

二、間接營收管道

直接營收管道傳統上會被歸類為媒體公司模式的一環，而間接收益管道則屬於內容行銷方法的範疇。這表示你不會直接用內容賺取收入，而是透過內容在一段時間內所產生的效果獲利。

1. 爭取收益

爭取收益的方式包括創作和發行內容，並以銷售特定的產品或服務為目標。

〔產品〕：

- **辣椒克勞斯**（Chili Klaus）。克勞斯．皮格（Claus Pilgaard）又名「辣椒克勞斯」，是丹麥最知名的人物之一，全都是因為他用不同凡響的方式介紹辣椒。克勞斯的YouTube影片累積了數百萬觀看次數，而在其中一部影片，克勞斯吃下全世界最辣的辣椒同時，還一邊指揮丹麥國家室內交響樂團演奏《嫉妒探戈》（Tango Jalousie）。單是這部影片的觀看次數就超過五百萬。由於影片作品大獲成功，克勞斯推出一系列以辣椒克勞斯為品牌的熱賣產品，包括辣椒洋芋片、辣椒醬、辣椒軟糖以及其他數十種商品。

- **銦泰科技**（**Indium Corporation**）。銦泰科技是位於紐約上州的全球製造商，專門開發和製造主要用於電子組裝的材料。公司的核心業務是開發焊接材料，以防止電子元件鬆脫。銦泰科技的行銷宣傳總監瑞克．修特（Rick Short）很清楚銦泰的員工絕對比全球任何一家公司都還要了解工業焊接設備。這是很合理的判斷，畢竟焊接正是銦泰科技生產最多產品的知識領域。銦泰科技認為，只要定期發布專業知識相關內容，就能吸引新客戶並有機會銷售更多產品。如今，銦泰科技的部落格「工程師互助會」已經成為公司推升新產品銷售量的首選工具。
- **密蘇里之星拼布公司**（Missouri Star Quilt Company）。珍妮．都安是密蘇里之星拼布公司的共同創辦人，這家位於漢彌爾頓鎮的拼布店以全球選擇最多的已裁剪布料聞名。為了刺激下滑的銷售量，珍妮開始拍攝拼布教學影片，並發布在YouTube。這些影片為密蘇里之星拼布公司的網站帶來新的流量，每日線上銷售量平均為兩千筆訂單，因此成為全球最大的已裁剪布料供應商。
- **精品中心**（The Boutique Hub）。來自加拿大的艾西莉．奧德森（Ashley Alderson）將精品中心轉型為精品店經營者的首選數位資源。二〇一七年，她創立了引起熱烈迴響的精品店大獎「精品店大獎」（The Boutique Awards）。現在公司透過這個獎項計畫，為全美五十個州、加拿大和澳州的客戶提供服務。

- **MrBeast**。創立極為成功的歷史YouTube頻道並累積五千萬名訂閱者之後，MrBeast（本名為吉米．唐納森〔Jimmy Donaldson〕）同步在三百多個地點開設漢堡連鎖店MrBeast Burger。

案例分析：SLIKHAAR

二〇〇九年，雙胞胎兄弟埃米爾（Emil）和拉斯穆斯．維蘭．奧布雷森（Rasmus Vilain Albrechtsen）立下共同目標要創立線上事業。當時，他們是在丹麥阿胡斯（Aarhus）就讀大學的學生。埃米爾正在攻讀國際行銷與銷售學位，拉斯穆斯則主修行銷管理和創業。兄弟倆都對髮型設計感興趣，並發現線上銷售造型產品的潛力。不久後，他們推出丹麥版的網路商店，接著迅速往國外發展並成立slikhaar-shop.com。不過，他們的野心沒有停在一間單純的網路商店，他們想在適當時機創立自己的造型品牌。

埃米爾回憶道：

> 在我們開店三個月後，銷量還不錯，但我們也意識到自己沒有不同於其他網路商店的特色。我們必須轉向更有創意的方法。
>
> 於是拉斯穆斯用MacBook網路相機拍攝影片，影像是鏡像的，音效很糟，但卻很真實。我們在YouTube上推出Slikhaar TV，然後把影片上傳。那時我們在YouTube累積了很多免費

觀看次數，沒多久我們就開始看到來自國外的留言。

這是Slikhaar TV之旅的第一步，如今這個頻道的影片觀看次數超過三億五千萬，訂閱者有兩百一十萬人。奧布雷森兄弟在製作十到二十部影片之後，才發現影片真的能引起觀眾迴響。來自世界各地的大量留言激勵了兄弟倆創作更多影片。對埃米爾和拉斯穆斯來說，YouTube不僅是媒體管道，也是搜尋引擎，因此在創業早年，他們專注於製作教學影片。他們在實驗之後，找到能累積最多觀看次數的內容形式。

兄弟完成學業後，評估了自己的新創事業，他們認為經營狀況不錯，想要繼續發展。於是他們在丹麥第二大城市阿胡斯的主要徒步區上租下店面，改裝成美髮沙龍和辦公室。這為他們提供了製作內容的完美舞台，還有造型業務這項額外收入來源。他們僱用優秀的髮型設計師，不僅會為顧客理髮，也會現身在新的影片內容中。兄弟倆最重視的是內容製作，造型理髮則是次要，並將沙龍命名為Slikhaar Studio。

Slikhaar TV大受歡迎，當時是二〇一二年，金融危機仍然十分嚴峻，年輕創業家採取大膽行動相當罕見。

從這個時候開始，他們的內容製作進一步升級，讓觀眾在製作過程中扮演越來越重要的角色。埃米爾和拉斯穆斯不斷提升社群的參與度，並且會詢問觀眾想要看到哪些主題的內容。這些意見回饋讓他們產生了內容企劃的靈感。彙整受眾的建議後，他們會列出最受熱門的髮型清單，找來髮型模特兒，並安排沙龍的髮型設計師為模特兒做造型。

埃米爾指出這項企劃的成功關鍵：

我不太喜歡定位受眾。根據你所在的地區，有些人喜歡像足球運動員的造型，有些人喜歡寶萊塢演員或韓流明星的髮型。我們在規劃影片的時候會觀察使用者的意見，同時也會注意熱門話題和影片縮圖的品質。如果我們發布的影片是「羅納度（Cristiano Ronaldo）髮型」，就會有很多競爭對手。YouTube演算法會依照每則影片的點擊率和各種詳細資料進行判斷。現在在內容產業遊戲規則的重點已經變成要深入了解演算法並找到有效策略，所以我們花了很多時間進行分析和實驗。

埃米爾回顧起早期經營YouTube頻道的日子，那時候的競爭不像現在這麼激烈，TouTube可以提供自然觸及率和大量觀看次數。不過，兄弟倆知道他們不能只仰賴YouTube作為唯一的管道。於是他們將Facebook納入媒體組合，但一直到二〇一四年Facebook真正開始重視影片時，Slikhaar才開始全心經營Facebook。如今，Slikhaar在Facebook的粉絲多達兩百三十萬人，而且已經將版圖擴展到Instagram。

埃米爾如此解釋：

在Facebook培養受眾一直都很有趣，但前提是有辦法維持下去。現在就像是我們的店面位在非常繁忙的街道，然後突然之間有一條小路開通了，人流就這樣跑去別的地方。自然觀

> 看次數幾乎降到零，所以有正確的媒體組合很重要，而且情勢會一直變化。如果你夠靈敏，還是找得到機會。Instagram Reels看起來就很有潛力，我們是最早獲得Instagram TV權限，可以發布較長影片的品牌之一。科技平台希望推廣他們的新產品，所以我們必須掌握很多先行者優勢，因為我們的受眾就在那裡。

與時俱進並不容易，社群媒體環境也不斷變化。跟上潮流需要實驗性的方法，讓你以嘗試新的形式，同時繼續發展自己的專長。舉例來說，Slikhaar本來可以在TikTok有更好的發展，但兄弟倆認為Instagram更適合自己的公司。免費曝光的時代已經過去，如今你必須為更高的觸及率付費。由於Slikhar在不同的平台和演算法上進行實驗，並沒有為每個管道設定追隨者人數的目標。

現在Slikhar的行銷管道組合包含Instagram限時動態和Snapchat，另外還有電子郵件行銷，後者主要用於與客戶保持聯絡。

當Slikhaar TV的受眾超過十萬名訂閱者，兄弟倆開始與各種護髮品牌合作，以擴張事業版圖。他們的影片有助於推升產品銷量，因此與大多數品牌簽訂了報酬優渥的經銷協議。他們原本對經常在自家影片出現的某個品牌特別感興趣，然而在建立經銷網路並參加一場位於倫敦的大型博覽會後，他們發現該品牌並不如表面友善。品牌方對兄弟倆釋出明確的訊息：離英國遠一點。

埃米爾回顧事情經過以及他們的應對方法：

我們在這上面投入太多的資金、時間和精力。這個品牌在我們的影片中曝光率最高，結果我們居然被這樣對待。我們當時心想：「要嘛爭到底，要嘛就從現在開始追求我們的夢想，開發我們自己的產品。」我們選擇了第二條路，很快就找到當地的生產商，然後與他們合作打造屬於我們的造型品牌By Vilain。

大約九個月後，第一項產品已經準備好在網路商店上銷售。這對他們的事業帶來巨大的影響；現在，訂閱者主要是購買兄弟倆自家的產品，不再像以前當有人在slikhaarshop.com上購物，等於是為數百個品牌提升銷量，而他們只能分得少數利潤。二〇一三年五月，第一批By Vilain產品上市，線上銷售量（以及利潤）迅速飆漲。

如今，系列產品包括十種不同的造型產品和七種髮型工具。在特殊時節，兄弟倆會推出有特殊香味和色彩的限量版產品。

限量版產品在黑色星期五等電商活動中也相當熱賣。Slikhaar不會針對黑色星期五祭出大幅折扣並折損品牌價值，而是推出限量版產品。訂閱者只有一次機會購買限量版。

如今，公司專注於耕耘主要市場，包括美國、英國、德國、越南和丹麥，另外還有亞馬遜，因為其的獨特營運方式，對公司而言簡直像是踏入另一個國家的市場。

整體而言，Slikhaar運營狀況良好，自二〇一三年以來持續獲利。在業績最佳的年份，年利潤甚至超過一百六十萬美元。Slikhaar目前有十一名員工，而最重要的是，兄弟倆和旗下團隊很享受其中的樂趣。

埃米爾的結論是：

只要我們做得開心，就會繼續前進。在這個階段，我們沒有退出的規劃，我個人沒有想要退出事業的動機，而且我什麼都有了，車庫裡還有一輛藍寶堅尼。我們寧可再一次擴大規模，我們已經商量過要首次公開募股（IPO），或是把一部分事業賣給業界的大品牌。

〔服務〕：

- **遊戲理論**（**Game Theory**）。如今，馬修．派翠克的品牌有超過八百萬名訂閱者。以此為基礎，馬修成立專業顧問公司Theorists Inc.，與希望在成功經營YouTube頻道的大品牌合作。已經有一些在全球極為知名的YouTube名人直接聘請Theorists Inc.，來幫助他們吸引更多的觀眾，其他客戶則不乏《財星》雜誌五百大企業。甚至連無所不能的YouTube本身也聘請Theorists Inc.來直接協助公司維持和增加觀眾人數。
- **智慧簡單行銷**（**Smart Simple Marketing**）。辛蒂．克雷格哈特（Sydni Craig-Hart）在二〇一六年和丈夫威爾共同創立行銷顧問公司「智慧簡單行銷」。如今，智慧簡單行銷已經是專注於多元議題的知名行銷公司。他們是如何做到的？辛蒂表示：「在過去十四年間，我們製作了四百三十九項內容企劃。」這樣的持續產出促成了每周電子報的誕生，現在有超過三萬名訂閱者：

電子報是我們獲得客戶的三大管道之一，原因就在於長期經營加上內容實用。我就是因此學到持續的重要性。讀者會整整三個月、六個月或一兩年都持續閱讀電子報。曾經有位女士寫信給我：「我已經連續兩年每周都收到你的電子報。我原本以為你和其他人一樣半途而廢，但你一直堅持下去，而且內容品質很穩定。現在我需要一位教練，我已經準備好和你合作了。」

一、維持收益：忠實客戶

在這種方式的所有收益來源之中，忠誠度的歷史最為悠久，而且至今仍然極為重要。各種規模的組織最初都是經由發行紙本雜誌，長期培養客戶忠誠度。

- **強鹿公司的《犁》(*The Furrow*)雜誌**。強鹿公司在一八九五年推出《犁》雜誌，至今仍持續發行紙本和數位版，並以十四種不同的語言版本銷售至四十個國家。《犁》的內容向來著重於農家可以如何掌握最新技術，來讓農場和事業持續成長。過去一百年來，雜誌中僅有少數文章是在介紹強鹿的產品與服務。
- **哈雷戴維森(Harley-Davidson)的《愛好者》(*The Enthusiast*)雜誌**。哈雷機車在全球都有極為忠誠的客戶，其中一個原因就是哈雷發行的紙本和數位雜誌《愛好者》(舊名為《HOG》)。雜誌於二〇一六年首次出版，現在每季發行量為六十五萬本。

二、增長收益：進階客戶

爭取到客戶之後，具有創新能力的企業會利用客戶資料來提供符合需求且持續產出的出版內容，簡而言之，就是在逐步培養更進階的客戶。

- **德美利證券**（TD Ameritrade）**的《金錢思維》**（*thinkMoney*）。有些投資服務會採用保守和拘謹的策略，尤其是在複雜的衍生性金融產品市場中，但《金錢思維》選擇了不同的作法。這本雜誌認真看待投資，但不像許多華爾街公司那麼嚴肅。相對地，《金錢思維》採取「精緻簡潔」的路線，創新而不輕率，機智而不冒犯。《金錢思維》發行商T3的研究發現，該雜誌讀者的交易頻率比非讀者高出五倍。
- **摺紙工廠**（Fold Factory）。摺紙工廠執行長崔希．維特科夫斯基（Trish Witkowski）定期推出影片節目《本週精選六十秒超酷摺紙》（The 60-Second Super Cool Fold of the Week），詳細示範如何製作出精美的紙本直郵廣告，因而成為直郵廣告界的名人。在二〇二〇年，崔希推出本系列的第五百集，代表她已經製作十年的節目，還創作出五百款不同的T恤並發售。摺紙工廠的影片直接為公司創造了超過七十五萬美元的收入。

崔希表示：「還有一件很有趣的事，在節目中亮相過的公司，業績都因為這系列的影片而變好，而且因為影片讓大家更認識印刷產業，連帶影響了業界設備的銷售量，也推升了不同印刷技術的需求。」

最成功的創業家不會只運用內容創業營收模式中的單一獲利管道，而是同時運用多個。就像投資人會購入多檔股票和／或共同基金，確保投資組合夠多元，企業家也需要多元發展建立在內容和受眾之上的收益管道。

已有銷售中的產品該如何調整？

如果你的公司已發展成熟，且有提供許多產品或服務，只要回答下列問題，便可以成功由內容創造收益：「訂閱和不訂閱公司內容的族群有什麼差異？」

讓我們再次檢視「河流泳池裝設公司」的成功經驗，在採用內容創業策略之前，其主要業務是裝設玻璃纖維泳池，不過觀察公司部落格內容的互動情況後，發現如果受眾至少瀏覽三十頁的內容，並且主動預約現場介紹服務，有八成的機率會完成交易。在這個產業中，平均僅有一成的顧客會預約現場服務，所以在這個特殊案例中，銷售量有機會成長八倍。

此外，河流泳池裝設也會觀察特定文章的效果，公司透過行銷自動化系統（選用HubSpot）發現，一篇標題為「玻璃纖維游泳池要價多少？」的部落格文章，竟帶來兩百萬美元以上的銷售額。這種投資報酬率不錯吧？

如果你尚未釐清自身內容的影響力，可以從以下幾道問題開始思考：

- 訂閱者的消費意願是否較高？

- 訂閱者是否較願意購買新商品？
- 訂閱者消費時是否在網站停留較久？
- 訂閱者是否較常在社群媒體談論你的品牌（口碑）？
- 訂閱者是否比非訂閱者更快關閉網頁？
- 平均而言，訂閱者是否比非訂閱者消費更多？

如果以上有任何一個問題的答案為「是」，你就有充分的理由投入內容創業模式。

【參考資料】

Alcántara, Ann-Marie, "BuzzFeed Starts Selling Products Directly to Consumers," Wall Street Journal, accessed October 12, 2020, https://www.wsj.com/articles/buzzfeed-starts-selling-products-directly-to-consumers-11596136660.

Coy, Peter, "A 28-Year-Old with No Degree Becomes a Must-Read on the Economy," Bloomberg, accessed October 12, 2020, https://www.bloomberg.com/news/articles/2020-07-02/nathan-tankus-s-newsletter-subscribers-don-t-care-about-diplomas.

Crea, Joe, "Michael Symon Signature Knives Can Be Part of Your Kitchen Tools Later This Year," Cleveland.com, accessed April 28, 2015, http://www.cleveland.com/dining/index.ssf/2015/02/

michael_symon_signature_knives.html.

"EOF August 2020 Income Report," Entrepreneurs On Fire, accessed October 12, 2020, https://www.eofire.com/income84/.

Interview with Laura Moore by Joakim Ditlev, September 2020.

Interviews by Clare McDermott:

Claus Pilgaard, January 2015.

Rob Scallon, February 2015.

Interviews by Joe Pulizzi:

Rob LeLacheur, October 2020 (re: The Boutique Awards).

Trish Witkowski, October 2020.

"Michael Symon," Wikipedia, accessed April 28, 2015, http://en.wikipedia.org/wiki/Michael_Symon.

"Scott Adams' Net Worth," Capitalism.com, accessed October 12, 2020, https://www.capitalism.com/scott-adams-net-worth/.

Sitar, Dana, "Can You Earn Money with Substack?," The Write Life, accessed October 12, 2020, https://thewritelife.com/earn-money-through-substack/.

第七部　管道多樣化

多元發展不是壞事。

——————————馮・迪索（VinDiesel）

內容創業模式成形之後，你開始爭取到新的訂閱人和忠誠的觀眾群。此時就是多元發展內容資產，並且成為業界意見領袖的時刻。

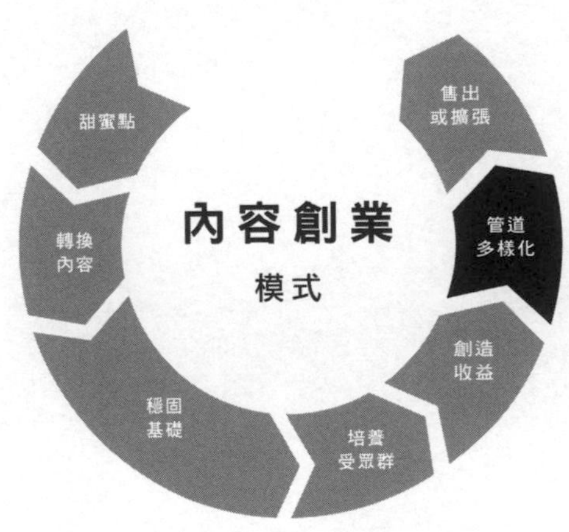

第十九章
延伸品牌

沒有持續的成長、進步，改善、功績、成就這類詞彙便毫無意義可言。

——班傑明·富蘭克林（Benjamin Franklin）*

建立基礎並且開始創造收益之後，你需要降模式的整體風險。現在是時候多元發展至其他平台，並且延伸品牌。

▲如果你已經充分掌握這個概念，請直接跳至下一章。

*註：美國開國元勳。

華特・迪士尼（Walt Disney）創辦電影事業時，打造出極為出色的內容事業，但也承擔了很大的風險。多年來，迪士尼不斷多元發展，跨足電視、書籍、連環漫畫、音樂，接著又開發主題樂園業務，運用每一次的品牌延伸來推動下一個品牌。

幾年前，迪士尼團隊意識到他們需要進一步多元發展，因為迪士尼的營受和獲利主要來自主題樂園：幾乎占了總營收的四成。

萬一出現蔓延全球的疫情該怎麼辦？

迪士尼曾經擁有多樣化的媒體資產，現在卻因為主題樂園營收大幅成長，業務平均發展的程度不如預期。迪士尼面臨的風險太高，該如何是好？二〇一九年，迪士尼推出Disney+，目前已有六千多萬名付費訂閱者。這項業務成了公司的救星，因為二〇二〇年主題樂園的營收下滑多達八成五。

二〇二一年十月，迪士尼宣布旗下專有的串流媒體服務會是全公司的戰略焦點，如果不是多元發展，這根本不可能實現。

我有加入一個Facebook行銷講者社團，對於社團中的許多成員來說，演講是他們唯一的收入來源。有些人的年收入達數十萬美元，有些人則透過在活動發表演說每年賺進一百萬美元。

相較於大多數人，全球疫情對這個社團造成的衝擊更是嚴重。「西南偏南」（South by Southwest）*和賽富時（Salesforce）的「夢想力大會」（Dreamforce）等大型研討會都被迫取消；Adobe和Facebook等數千家其他公司也不得不取消自家活動。

對於只有單一收入來源（演講）的演說家，這種衝擊極具毀滅性。「單一收入來源」商業模式不僅對演說家造成衝擊，也影響到大多數企業。郵輪公司、航空公司、書店、音樂家和餐廳都因為病毒而方寸大亂。

我的一位親近好友在俄亥俄州克里夫蘭市中心經營喜劇俱樂部／餐廳，COVID-19疫情爆發三個月後，我問他生意如何，他回答：「如果整天不營業，我每個月會虧損五萬美元。如果照常營業，每個月會虧損四萬美元。實在不太妙。」

當危機爆發（總有一天會遇到），只有單一營收商業模式的公司通常無法撐過恐慌時期。另一方面，僅在單一平台培養受眾也十分危險。如果YouTube消失了怎麼辦？如果TikTok被禁用了怎麼辦？如果Google+退出市場了怎麼辦？（對了，這已經發生了。）多元發展對於推動受眾和營收成長都極為重要。

警語

在上一章，我們討論到十種創造收益的不同方式。大多數的內容創業事業都是從單一營收來源起步，這是理所當然的事。

不過，如果要將你的事業提升到更高的層次，就需要開始讓品牌延伸到基礎之外，創造新的

* 編註：簡稱SXSW，電影、互動式多媒體和音樂的藝術節，在美國德克薩斯州舉辦。

獲利機會，但是我必須先提出警告。如果你的基礎受眾還沒有足夠的時間來真正信任你和你的內容，快速延伸品牌可能只會是一場災難。

我剛踏入出版業時，曾經負責一個叫做「B2B Showplace」的專案。B2B Showplace是業界首見的線上活動，參加者可以在線上參與演講活動並以虛擬形式參觀贊助商的攤位。

這個概念最初是在暖器空調產業進行測試，應用在名為「HVACR Showplace」的展覽活動。在HVACR Showplace還未正式公開之前，贊助商就已經蜂擁而至。這樣的產品創新又與重不同，贊助商希望率先嘗試這項新技術。

管理團隊得知贊助狀況之後，迅速擴大發展這套模式，在舉辦HVACR Showplace之後立即推出其他十三種不同產業的展覽活動。

結果是災難一場。急著推出產品導致許多技術上的問題。另一方面，大多數的市場根本還沒準備好接受這種產品（這些廠商沒有能力應用新技術）。

儘管HVACR Showplace一開始表現強勁，但品牌延伸失敗（以及沒有專注於做好一件事）的壓力導致他們一蹶不振。

重點在於：絕對要盡快延伸品牌並創造新的獲利機會，但前提是要確信受眾會全力支持。

智慧型揚聲器熱潮

到二〇二〇年初為止，全美家庭總共擁有一億五千七百萬台智慧型揚聲器（資料來源：NPR／Edison Research）。不久之後，幾乎每個家庭都會至少擁有一台智慧型揚聲器。

這表示會有越來越多人對著亞馬遜、Google、Apple和百度的裝置提問，而在過去，這些問題只能在輸入電腦後才有辦法解答。DBS Interactive發現，目前有將近三分之一的美國人會使用語音搜尋功能。

那麼這些裝置需要什麼才能生存下去？內容，大量的內容。Google和Bing需要音訊內容才能回答搜尋問題；亞馬遜和Apple需要音樂、Podcast和短音訊內容才能滿足娛樂需求。

如果你在考慮延伸品牌，仔細研究音訊內容可以為你帶來不少價值。

開始行動

安迪．施奈德（「雞的悄悄話」創辦人）最初的傳播平台，就是舉辦現場聚會（每個月與位在亞特蘭大的受眾聚會）以及住家集會。之後的平台則改成大受歡迎的廣播節目《與「雞的悄悄話」一起在後院養雞》（Backyard Poultry with the Chicken Whisperer），目前已經是五年以上的長壽節目。安迪隨後又發表新書《「雞的悄悄話」養雞指南》(*The Chicken Whisperer's Guide to Keeping Chickens*),推出紙本雜誌《雞的悄悄話》(*Chicken Whisperer Magazine*),訂閱戶共計六萬人。

史考特・麥卡費迪(Scott McCafferty)與麥可・埃米希(Mike Emich)創立媒體公司WTWH Media時,只有經營單一平台「設計世界」(Design World)網站,是針對機械工程師推出的必備線上產品資源。不久之後,《設計世界》雜誌(紙本)正式上市,接著WTWH也開始主辦客戶活動以及專為機械工程師設計的產業活動。

不過這也只是起步而已,史考特和麥可現在又額外推出數個平台,踏入可再生能源、流體傳動、以及醫療設計等相關產業。目前,WTWH已有數百萬名登錄使用者,在十年內從默默無聞的小公司,搖身一變成為價值一千萬美元的大企業。

選擇正確的拓展方向

向外拓展平台主要有兩種方式:

- **在同一平台內增加傳播管道**。舉例來說,馬修・派翠克認為可以運用成功的YouTube頻道Game Theorists,以相同的概念(「過度分析你最愛的事物」)將品牌延伸至新的領域,從遊戲跨足到電影和食物。如今,「電影理論家」(The Film Theorists)頻道有超過九百萬名訂閱者,「食物理論家」(The Food Theorists)則是在數個月內讓YouTube訂閱者爆增到兩百萬人。

- **將現有品牌延伸至新平台**。安迪・施奈德就是典型的範例，他的宣傳平台從現場聚會延伸到廣播節目、書籍以及雜誌。

在標準的內容創業模式中，準備工作包含建立一個線上平台（網站、Podcast、YouTube頻道、部落格等），還有提供電子報服務以累積訂閱人數。

以此為基礎，內容創業模式中最常見的品牌延伸方式如下：

- **書籍**。「轉角遇見魏斯・安德森」成功從Instagram延伸品牌，最後出版了暢銷書《轉角遇見魏斯・安德森》。
- **Podcast**。「工程管理研究所」（Engineering Management Institute）的成功始於以土木工程師為受眾的Podcast節目。以此為基礎，EMI多元發展為Podcast網路CEMENT（土木工程媒體與娛樂網），其中包含六檔不同的Podcast節目，例如《土木本週大事》（This Week in Civil Engineering）和《土木女性》（Women in Civil Engineering）。
- **電子郵件**。克利夫蘭醫學中心（Cleveland Clinic）原本就有經營得有聲有色的電子報服務（每週發行三期）。在COVID-19疫情期間，醫學中心又推出新的電子報《就醫前注意事項》（*Know Before You Go*），協助患者了解前往醫院之前的注意事項。更令人讚嘆的是，這份電子報是出自執行長本人之手。
- **現場活動**。亞麗珊卓讓Facebook社團Alessandra Torre Inkers成長到有一萬多名成員的規模之後，開始多元發展並創辦了極為成功的年度活動Inkers Con.。

- **線上活動**。世界上幾乎每一家媒體公司在多元發展後，都會舉辦某種形式的線上活動。也許是長期的一系列網路研討會（每次時長四十五分鐘至一小時），或是透過Hopin、Zoom、Bizzabo、Cvent、GoToMeeting或ON24等平台舉辦完備的線上活動。
- **雜誌**。沒錯，紙本讀物仍然有影響力。CMI專注於經營品質頂尖的部落格三年之後，便推出紙本雜誌《內容長》（*Chief Content Officer*）。CMI的研究顯示，CMI最大的客戶（每年在CMI投入最多經費的客戶）都有訂閱這份雜誌。

案例分析：皇后樂團（Queen）

我是皇后樂團的狂熱粉絲，我還記得第一次聽到《又一人倒下》（Another One Bites the Dust）的情景：當時我才七歲，人生從此改變。後來當我聽到《波希米亞狂想曲》（Bohemian Rhapsody），只能大嘆一聲「哇！」

皇后樂團無疑是有史以來最偉大的搖滾樂團。那麼，他們是如何辦到的？

在這本書出版的幾個月前，我在Netflix收看了紀錄片《傳奇再續：皇后樂團＋亞當·藍伯特》（The Show Must Go On: The Queen + Adam Lambert Story）。內容深深打動我，甚至讓我想再重看一遍。

在紀錄片中，幽浮一族樂團（Foo Fighters）的泰勒·霍金斯（Taylor Hawkins）鉅細靡遺地探討皇后樂團為何有如此地位。霍金斯提到，當其他樂團忙著快速做出像前一張專輯的音樂，皇后樂團每次都試圖創作出獨一無二的傑作，《波西米亞狂想曲》等名曲就是這樣誕生的。每推出一張專輯，皇后樂團都將音樂水準推升到全新高度，實現其他樂團作夢也想不到的目標。

皇后樂團在整個音樂生涯中僅創作了八十四首歌曲，但有將近二十首登上英國排行榜前十名。換句話說，皇后樂團製作出席捲樂壇的熱門曲，機率大約是四分之一。

皇后樂團在長時間內持續創作相對較少但精采絕倫的歌曲，因此在全球擁有數量極其龐大的受眾。

紀錄片也討論到樂團主唱佛萊迪・墨裘瑞（Freddie Mercury）離世後，皇后樂團如何繼續擴大受眾群。

皇后樂團穩定產出一首首打動人心的經典歌曲，培養出大量忠誠的受眾。佛萊迪・墨裘瑞於一九九一年去世，但在三十年後的今天，皇后樂團的受眾不僅沒有流失，還持續成長。關鍵就在於多元發展。

讓我們來仔細分析。

- **內容聯賣**。皇后樂團將歌曲授權給多部電影，包括希斯・萊傑（Heath Ledger）主演的《騎士風雲錄》（The Knight's Tale）和《反斗智多星》（Wayne's World）等賣座大片。
- **合作計畫**。從一九九二年開始，皇后樂團與世界各地的優秀音樂家合作，共同舉辦「佛萊迪・墨裘瑞紀念演唱會」（The Freddie Mercury Tribute Concert），並將收入捐給愛滋病慈善組織。金氏世界紀錄將這場演唱會列為「規模最大的搖滾明星慈善演唱會」，全球共有十二億人透過電視收看。從二〇〇四年到二〇〇九年，皇后樂團與創作歌手保羅・羅傑斯（Paul Rodgers）一起巡迴世界演出。

二〇〇九年，皇后樂團在選秀節目《美國偶像》（American Idol）演出，當時亞當・藍伯特是決賽選手之一。二〇一一年，亞當・藍伯特開始與皇后樂團一起巡迴演出，一直到現在還是如此。

- **電動遊戲**。一九九八年，皇后樂團與美商藝電（EA）合作推出電動遊戲《Queen: The Eye》。皇后樂團也多次出現在《吉他英雄》（Guitar Hero）系列遊戲中。
- **音樂劇**。二〇〇二年，皇后樂團共同製作了音樂劇《我們將會撼動你》（We Will Rock You）。
- **電影**。二〇一八年，電影《波希米亞狂想曲》登上大螢幕，是當年度最賣座的大作之一。

以上這些都是皇后樂團多元發展的例子，他們從初期培養受眾的活動（發行專輯與巡迴演出）開始向外擴展版圖：授權、合作、內容整合、推出新產品，每一步都讓皇后樂團得以持續站在搖滾巨星的頂點。

《內容長》雜誌的幕後故事

《內容長》（*Chief Content Officer*, CCO）原本的宗旨是接觸行銷總監以及行銷部門其他高階主管，也就是有權決定內容行銷預算的職位。將雜誌送到主管手中，他們便會視內容行銷為有價值的市場進入策略，並且開始在企業內資助內容資源。

了解發行雜誌的預算機制十分重要，需要考量的領域包含：

- **專案管理**。監督雜誌生產流程的人事費用。
- **編輯**。內容素材費（含外部撰稿人的報酬）、管理編輯費以及校稿費。
- **設計**。為每一期出版品編排圖表的人事費用。
- **相片與插圖**。投資於各種攝影或客製圖片的費用。
- **資料庫費用**。將受眾名單整理成郵寄清單的費用。
- **印刷**。印製出版品的費用。
- **郵資**。發送各期刊物的郵寄費用。
- **運費**。印刷商大量運送或送至辦公室的費用。
- **傭金**。如果你的雜誌是以刊登廣告營利，必須支付傭金給銷售人員。如果銷售人員是內部員工，傭金費率通常為百分之八至十，而如果是約聘銷售人員或外部銷售團隊，費率則高達百分之二十至二十五。

一般而言，《內容長》的總頁數介於四十到六十四頁之間。發行雜誌的支出取決於總頁數、編輯頁數、以及總印刷量，不過基本上一期刊物的支出至少都有四萬美元，而刊物的贊助廣告則可以完全抵銷掉成本。整體而言，每一期我們都可以達到收支平衡，有時甚至會稍有獲利。這樣的經營狀況尚可接受，畢竟紙本雜誌的最終目標並不是創造收益或獲利，而是作為共同行銷與蒐集訂閱者資料的管道。

多元發展的實例不勝枚舉……

- 行銷公司管理學院（Agency Management Institute）在初期是以部落格作為基礎平台，後來跨足到製作Podcast，接著又舉辦實體活動。
- Salat Tosen（The Salad Chick）先是在Facebook培養粉絲，後來多元發至Instagram，最後更出版一系列的著作。
- 克莉絲汀・博爾首先在Instagram進行測試，接著運用部落格累積受眾，後來又跨足至Pinterest。

- 「教學幫手」(Teach Better)最早是在部落格提出網格教學法，後來轉而開始錄製教學影片，目前則正在考慮自行出版書籍。

擁有忠實的受眾之後，會令人想要不斷往新領域延伸品牌。這麼做固然很好，但我建議每次的延伸計畫最好至少相隔九個月。如此一來你在踏入新領域之前，才有時間解決每次延伸品牌的各種問題。

【參考資料】

"Disney Reorganises Business to Emphasise Streaming," Financial Times, accessed October 13, 2020, https://www.ft.com/content/53159991-960a-4c06-b8cfdde59feaa40d.

The Show Must Go On: The Queen + Adam Lambert Story, Netflix, released 2019.

第二十章
收購內容資產

買地吧，因為土地已經停產了！

——馬克·吐溫（Mark Twain）

如果你已經決定好要購入的內容資產，而且與內容擁有者建立了長期的良好關係，就會更有機會以好價格購入這些資產。

▲如果你已經充分掌握這個概念，請直接跳至下一章。

過去二十年間，迪士尼收購了ESPN、皮克斯動畫工作室（Pixar）漫威（Marvel）和盧卡斯影業（Lucasfilm），將世界上最頂尖的內容都納入囊中。這正是傑出的媒體公司會採取的行動：優先收購，其次才是自行創作。

數年前我有機會參與一場行銷會議，對方是全球最大的消費品生產商，討論主題是如何運用內容在不同市場培養受眾。該企業在部分市場已經有穩固的內容平台，不過其餘市場仍然是一片荒蕪。

會議中所討論的計畫是收購策略，該企業會主動接觸數個內容事業體，如果簽約成功，便會買下這些已有固定受眾和平台的部落格和媒體資產。

有時候親手打造是最佳做法，而有時候收購才是。請記得重點：媒體和出版專業人士都知道，在投入時間和資源打造內容之前，一定要先尋找是否有機會以合理的價格收購。收購內容也許乍看之下很昂貴，但如果將這些成本分攤到三至五年的時間（也就是建立真正的內容創業模式所需的時間），就沒那麼昂貴了。

我有一位朋友是國際大品牌的行銷長，他曾說：「比起從一到一百，從零到一要明顯更困難。絕對要先尋找收購的機會。」

兩大優勢

部落格和媒體公司有兩大優勢，是我們想要也需要的資源。

首先是說故事的能力。部落格和媒體公司擁有適當的人力和流程，可以定期大量製作出優質內容。

第二項優勢也許更為重要，也就是部落格和媒體網站已經培養出固定的受眾。

雖然併購策略可能從首家媒體公司創立時就已經出現在市場上，但近期非媒體企業也開始加入戰局：

- 在《JPG》雜誌經營陷入困境時，攝影器材零售商Adorama從內部組成收購小組，之後收購小組不僅取得《JPG》的內容創業模式平台與內容，更接手《JPG》的三十萬名訂閱者（正好是Adorama的潛在客戶與客戶群）。
- 二〇一〇年，跨國美妝品集團萊雅以超過一百萬美元的價格，收購媒體公司「直播潮流媒體」（Live Current Media）旗下網站Makeup.com。
- 行銷自動化公司HubSpot計畫增設仲介部落格，用以輔助行銷與銷售部落格，於是在接觸部落格Agency Post之後完成收購，HubSpot並沒有選擇自行架設全新的部落格。二〇二一年，HubSpot收購電子報媒體公司The Hustle，連帶獲得超過一百萬名電子報訂閱者。
- 澳洲線上零售商龍頭SurfStitch集團收購兩家衝浪業的小型媒體公司，進一步奠定SurfStitch在業界無可取代的內容領袖地位。

你甚至可以收購會員制組織，賽富時（Salesforce）在二〇二〇年收購The CMO Club就是一例。

TikTok又是如何在如此短時間內成長到如此大的規模？收購musical.ly。對於TikTok來說，從現有基礎上成長比從零開始要容易得多。

當你開始擴張內容創業策略，藉此拓展在業界的版圖，收購策略是值得考慮的選項。

收購內容平台的流程

CMI也曾買下多個內容資產以擴充平台，包括舉辦於美國西岸的研討會「智慧內容大會」（Intelligent Content Conference）以及（十分貼切）名為「內容行銷大獎」的獎項計畫。CMI的判斷是，比從零開始打造平台並且與他人競爭，收購上述平台是更理想的選擇。

收購新平台時，請參考下列七個步驟。

≫步驟一：確立目標

所有正確的經營決策都是始於這一步，首先要思考收購現有的內容平台的合理原因。透過收購達成的目標可能如下：

- 加入現場活動形式的平台，將事業版圖延伸至尚未觸及的地理區域。最終目的是在該區域接觸更多客戶，增加交叉銷售、升級銷售量，並且降低客戶流失率。
- 讓品牌深入特定話題，以提升品牌在該主題低落的知名度。假設你是某類鋼鐵的製造商，發現這類鋼鐵可以應用於原油及天然氣產業，你可以嘗試收購小型的原油及天然氣部落格網站或現場活動，藉此迅速成為產業內可信賴的代名詞。

- 達成訂閱數目標。通常值得收購的平台都有固定受眾，你可以持續培養、擴大、或是善用受眾達到交叉銷售的目的。
- 收購內容資產本身以及相關的搜尋引擎最佳化策略，同時享有兩者所帶來的效益。

≫步驟二：明確鎖定受眾

收購策略成功的條件是，你必須釐清試圖填補的受眾缺口。以CMI旗下雜誌《內容長》（*Chief Content Officer*）為例，目標受眾就是大型組織的高階行銷主管；而「內容行銷世界」（CMI主辦的研討會）鎖定的受眾則是行銷、公關、社群媒體、以及搜尋引擎最佳化主管及總監（亦即「行銷的真正推手」）。

≫步驟三：擬定平台清單

釐清目標與受眾後，便可以開始列出有助於你達成目標的平台清單。此時的祕訣是避免任何設限，你可以列舉現場活動、部落格、媒體網站、協會網站等等，甚至可以從具有影響力的合作對象名單尋找靈感。

彙整清單的過程中，可以將所有條目輸入試算工作表，並且附註相關的訂閱者資訊，例如：

- 創始日期。
- 目前訂閱人數。
- 已知營收來源（一一列出）。
- 所有權結構（例如獨立部落客或媒體公司）

至於考慮收購研討會或貿易展等活動時，應該要審視以下資產：

- 參與人數（近兩年）以及成長百分比（或損失百分比）。
- 展出廠商數（近兩年）以及成長百分比（或損失百分比）。
- 媒體合作對象數量（近兩年）。
- 大致所在地區地點。
- 報名費用（廣告價目）。
- 知名度價值（主觀判斷活動的實質效益——可以用五分量表大致標示）。
- 以活動為中心設立媒體平台的可行性（同樣可以用五分量表大致表示）。重點是判定活動是否有潛力發展成功能完善的媒體平台，足以提供線上內容、網路活動等等。

二〇〇六年，史考特‧麥卡費迪（Scott McCafferty）與麥可‧埃米希（Mike Emich）創立媒體股份有限公司WTWH Media，在此之前兩人是經營小而巧的媒體代理公司。九個月之前，史考特與六家出版商共同參與了多場銷售會議，而史考特在這些會議中觀察到一致的趨勢：每當自己提起線上廣告解決方案，每家出版商都勸他專注於銷售印刷品。因此史考特認為應該由自己做出改變。

麥卡費迪和埃米希開始投入創業，並且提出一份完備的商業計劃書，當中有將近五十頁都在詳細說明兩人的預測與假設。在這份近十年前的計劃書中，有兩大理論至今仍然適用：史考特和麥可認為讀者會全權掌控取得資訊的管道，而行銷人員必須要衡量投資之後的成果。

隨著事業成長，麥卡費迪經常參考都樂食品公司董事長暨執行長大衛‧默多克（David Murdock）的經商建議。在一次社交場合見到默多克先生之後，麥卡費迪向他求教如何收購和轉手公司，默多克表示，他會列一份想透過收購公司踏入的產業清單，以及一份想要收購的公司清單，接著默多克會聯繫各家公司的經營者，詢問對方是否有意出售，當然有些公司願意、有些則否。

依默多克先生的建議，麥卡費迪列了一份與WTWH技術領域重疊的網站清單，接著他以電子郵件聯繫經營者，詢問對方是否有意願出售。過去八年來，WTWH利用這套行事原則鎖定並協商了五筆交易。過程中，麥卡費迪觀察到每筆交易有一些共同點：

- 一般而言，這些網站都是以社群互動為基礎，使用者族群十分活躍。
- 這些網站都是為個人經營者所有並營運，且經營者將這份事業視為興趣。

目前，WTWH媒體股份有限公司旗下有將近四十個以上的技術型網站、五種印刷出版品、以及一系列的垂直活動，提供各領域的行銷服務，包含設計工程、再生能源、流體傳動、以及醫療市場。

步驟四：把握最佳機會

我個人推薦兩種確實有效的方法：你當然可以選擇先接觸首選目標，再觀察情勢如何發展，但是這等同於將雞蛋放在同一個籃子；較理想的做法是同時接觸前三名的目標，並且表達你有興趣收購對方的網站、活動等等。

此後收到的回應可能會令你大吃一驚，有些經營者從未想過自己會有被收購的機會，有些（八成是具有媒體背景的人物）則已有明確的退場策略以及個人目標。此時的關鍵是促使討論開始，你才能衡量潛在利益可能落在何處。即使是接觸對出售毫無興趣的可能賣家，最糟糕的情況也只是如此，在首次接觸後還是有形成合作關係的機會。簡而言之，你永遠無法預測人的意向何時改變，而現在如果對方改變主意，你就有優先得知的機會。

步驟五：判定收購價值

小型網路資產與活動有一套固定的衡量標準（第二十二章會詳細說明），但在此之前的重點是：**了解經營者的需求**。正如同與具有影響力的人物合作，你必須負責了解平台經者的目標與願景；也許對方只在意價格（不過不太可能），也許對方正在尋求新契機或是急於脫身（許多部落客或活動主辦人從未想過，自己的心血竟會成長至超出掌控的地步，或是成長的方向與自己的原意不同。）

如我先前所說的，小型網路資產與活動有一套固定的估價流程。進入這道程序之前，雙方必須簽署保密協議，以保護雙方權益。下一步是請對方提供至少過去兩年的損益表，其他必要文件包含：現有的贊助合同及其餘可證明損益表正確性的合約。（你可能會需要處理各種法律細節，因此接觸賣方之前務必要諮詢法律顧問。）

以收購網站而言，部分交易是採「每訂閱者」計價，部分則是以淨利評估。就我的個人經驗，有一媒體交易是以每訂閱者一美元估價；另一則交易是以目前營收的五倍計價，並且以兩年為期支付。小型研討會通常會以淨利的五倍估價（假設該研討會的年獲利是十萬美元，就應該以五十萬美元收購這項資產）。

現在我們要以小型研討會為例試算：

- 參與人數：250
- 展出廠商數：20
- 營收：$340,000
- 支出：$270,000
- 淨利：$70,000
- 事業整體價值：$70,000 × 5 = $350,000

儘管還有其他細節需考量，不過這場活動的整體價值大約為三十五萬美元。

步驟六：出價

正式出價之前，務必要確認數字接近實際價值，而且對方也同意你的基本條件。如果雙方合意，一定要請對方簽署意向書，基本上意向書的目的是表達雙方皆同意繼續溝通，也同意讓雙方關係進入下一階段；此舉就如同商業收購中的訂婚，本身並不具任何實質或法律上的強制力，但是有公開聲明意向的功能。（擬定意向書時請諮詢法律顧問。）

步驟七：最終協商

在簽署任何正式文件之前，先思考最後幾道重要問題：

- 有哪些可利用的電子郵件資料庫和印刷品訂閱者名單？你是否有權限直接向資料庫中的名單傳送電子郵件？是否應該取得雙重確認權限？
- 對方公司有哪些可利用的資產？影片？部落格文章？Podcast集數？有必要全面審視對方公司的資產。
- 對方公司目前使用哪些社群管道？
- 這個領域有哪些具有影響力的主要人物，是我方應該合作的對象？（如有需要）可以蒐集這些人物的聯絡資料及專業領域。
- 對方公司與哪些廠商合作？有哪些推薦合作廠商？

在後續的三十至六十天，你會投入正式的資產收購簽約作業，並且審視所有相關文件，確保所有的資料、數據、以及討論內容都十分準確且經過證實。在此之後，雙方會簽訂合約，接著開香檳慶祝一番（非必要，不過這是很貼心的安排）。

高志凱（Victor Gao）認為，名列《財星》雜誌一百五十大企業的艾睿電子（Arrow Electronics）應該成為電子工程領域的主要資訊提供者。他也認為，如果要實現這項目標，收購會比從頭開始努力容易得多。

在十八個月期間，高志凱的團隊主動接觸電子領域的各大媒體公司和獨立運營商。最終艾睿電子收購了五十多個有良好信譽的媒體網站。這些網站不僅有獲利能力，還為艾睿電子帶來全球規模最大的電子工程師受眾。

最後步驟：維持品質

約翰．布隆丁（John Blondin）是媒體和市場行銷顧問，專業領域是併購業務。對於有意收購媒體資產的人，約翰有個重要提醒，他表示：「我確實認為，有實力且組織結構有效率的企業可以受益於收購媒體資產，前提是要保有良好信譽，以不受傳統廣告內容影響的方式提供內容。篩選的要訣就是有良心的優質內容。」

約翰的最後一句話很關鍵：**有良心的優質內容**。如果你收購媒體資產之後，沒有在該平台上持續提供優質的內容，這就再也稱不上是資產。如果你只是想利用媒體資產來宣傳你的產品和服務，請不要進行收購。一旦受眾體驗降級，你的收購計畫就只會淪為浪費時間。

以小型公司進行收購乍聽之下可能有點嚇人，但沒有必要卻步。我參與過僅費時一週就定案的交易，而有些則持續協商了一整年，總價值從一萬五千美元到超過一百萬美元的交易都有。有時候，最划算的交易會來得非常迅速，而且成本僅數千美元。

評估零營收網站的價值

很多待售的網站沒有營收和利潤可參考；在這種情況下，你可以根據以下項目來評估網站的價值：

- **名稱**。網站的名稱是否具有固有價值？包含熱門詞語（例如「行銷」）或簡短URL（例如beer.com）的網站URL，也許單憑名稱就具有價值。
- **網域權重**。使用Moz.com和Ahrefs.com等網站來判定網域權重（DA）。DA是Moz建立的評分標準，分數從零到一百，用於預測網站在搜尋引擎結果頁面中的排名。五十分屬於尚可，七十到八十分則是非常出色。網站投資者也許會針對DA落在五十分的網站開價兩萬美元，至於DA達七十分以上的網站，價格就可能超過十萬美元。
- **搜尋結果**。如果有一組特定的搜尋引擎關鍵詞對你和你的事業很重要，也許可以考慮收購已經在其中一種關鍵詞排進前十名的網站。許多網站投資者會收購這樣的網站，並且改良搜尋引擎針對關鍵詞顯示的登錄頁面。有時候，稍微修改就可以大幅提高搜尋排名。

此外，許多拍賣網站有出售幾乎或完全沒有營收的網站。你可以前往Flippa.com或Quiet Light Brokerage等網站嘗試看看，價格範圍從幾千美元到幾百萬美元不等。如果想了解更多關於網站投資的資訊，建議你參考Investing.io。

【參考資料】

Alleman, Andrew, "L'Oreal Buys Makeup.com for 7 Figures," domainnamewire.com, accessed October 12, 2020, http://domainnamewire.com/2010/03/04/loreal-buys-makeup-com-for-7-figures/.

Dillon, James, "Should You Buy or Grow a Pineapple for Your Audience?," ContentMarketingInstitute.com, accessed August 10 2020, http://contentmarketinginstitute.com/2015/02/buy-or-grow-pineapple-audience/.

Ghosh, Sudipto, "Salesforce Acquires The CMO Club," MarTech Series, accessed October 12 2020, https://martechseries.com/sales-marketing/crm/salesforce-acquires-the-cmo-club-to-unify-marketing-thoughts-with-b2b-practices/.

Interview with John Blondin by Joe Pulizzi, September 2020.

第八部　售出或擴張

最重要的一點是——雖然我常常忘記而需要重新學習——
就在此地、就在此刻，我是自由的。可以自由做自己、表達自我。
————————凱特・方迪（KAT VON D.）

你已經走了好長一段路，戰利品就近在眼前。現在你必須做出決定：要全數售出或是繼續奮戰。

第二十一章
退場規劃

身為藝術家、品牌、饒舌歌手、音樂家，你知道自己有大好機會和大量粉絲。但就連運動員；他們也沒有退場策略。現狀就只是活在虛假的現實中，而且永遠都只會是這樣。

——尼普塞・哈斯爾（Nipsey Hussle）*

無論最終目標為何，每一位創業家都需要退場計畫。

▲如果你已經充分掌握這個概念，請直接跳至下一章。

* 註：本名ERMIAS JOSEPH ASGHEDOM，饒舌歌手。

無論創業家處於哪一個產業，居住在哪一個國家，或者事業涉及多少人，毋庸置疑的是：他們幾乎都沒有準好退場策略。

也許你認為自己不需要；也許你想在過世後把事業傳給下一代；也許你希望商業夥伴接手；也許你夢想有朝一日能以好價格售出。無論你的計畫是什麼，你都需要將計畫寫下並立即擬定策略。

什麼時候要開始構思退場策略？就在你開始創業的時候。

當我離開媒體業主管職，開始創立後來成為CMI的事業時，我的夢想是以數百萬美元的價格售出。但在一開始，我卻沒有為這個目標做出任何努力。我只是幻想著實現夢想會有多美好，卻沒有做任何計畫。

在創業約一年後，我在目標清單的「財務目標」區塊（見第一章）寫下了這則聲明：「我和妻子將在二〇一五年以一千五百萬美元以上的價格售出公司。」

我是在二〇〇八年寫下這則聲明，那一年公司總營收約為六萬美元，而且虧損五萬美元，這家公司簡直一文不值。在當時的情境下看來，那則聲明可笑又荒謬。

雖然很瘋狂，但我每天都會對著自己唸兩遍聲明，早上一次，每天晚上睡前一次。我時不時會調整一下公司的整體策略，以更快實現這個目標。

我和妻子在那幾年期間裡做出了數千次決策，都是為了讓聲明化為現實。

我們選擇那一年（二〇一五年）和那樣的總金額（一千五百萬美元）是有原因的。首先，到了二〇一五年，我的孩子分別會是十四歲和十二歲。我希望能在他們上大學或展開下一段旅程之前，先賣掉這家公司，和他們共度更多時光。其次，我和妻子分析過幾次，認為我們需要一千萬美元，才能在未來實現我們想為孩子、慈善事業以及生活方式達成的目標。我們諮詢過會計師和律師，在計算之後發現，我們需要以稅前一千五百萬美元的價格出售，才能在扣除員工禮物以及聯邦和州稅等成本後實際拿到一千萬美元。

你的退場計畫

在接下來的篇幅，我會詳細說明我如何執行我個人的退場策略，也就是出售我們創立的內容創業模式，來換取財務自由。如果出售不在你的規劃裡，那麼你有哪些規劃呢？

請想像一下你和家人在十年後的情況。你們在哪裡？在做什麼？有什麼改變嗎？你有讓這個世界變得更好嗎？

「行銷製作人」(Marketing Showrunners)創辦人傑伊．阿昆佐從來不考慮退出事業。他說：「我創業的目標就是發揮影響力。如果有一天，必須要由另一個組織收購我們公司，我才能發揮影響力和幫助更多人，那很好。我們會考慮看看。但我之所以經營這個事業，是因為我發現了一種構建高效率組織來實現變革的方式。所以只要能幫助他人，我就會去做任何符合這個動機和宗旨的事情。我正在做我想做的事情，我也想看看這一切能持續多久。」

傑伊的長期策略和我不同，他將所有商業目標都記錄在他所謂的「遠大願景」檔案中，所有團隊成員都可以去查看。

你要如何構思自己的遠大願景？

根據愛德華．羅威基金會（Edward Lowe Foundation），制定退場策略有幾個步驟。

一、決定你要變換角色的目標日期。

二、向家人或投資人徵求意見。不論你的親人有沒有參與事業，他們都需要知道你的想法。

三、擬定計畫。你可以將公司出售給子女、員工，或者出於戰略或財務考量的買家。你也可以與另一家公司合併。

四、在計畫完成後公佈。你的管理團隊和家人應該要知道你的意向。我們在出售CMI時，最正確的決定之一就是確保管理團隊事先之情，並根據交易給予報酬。

五、準備好之後，開始實施計畫。

一開始就做好退場規劃

到了二〇一〇年，內容創業模式開始成形。營收機會開始自動浮現，我也開始可以預見這家公司的未來。我也設想到了什麼類型的企業會想收購我們。

有幾個月的時間，我開始列出可能在未來收購我們的公司類別。由於我的目標並不是在出售後繼續長期留在事業內部，所以我只列出基於戰略考量的買家（而不是基於財務考量的買家）。

我在清單中納入單純的媒體公司、活動公司、教育和培訓公司、顧問公司，甚至還有一些贊助商。彙整出我認為夠全面的清單之後，我把範圍縮小到自己列出的前五名（請參考第一章提及巴菲特的部分）。

我是如何做到的？我專門找出我認為符合以下條件的公司：能夠持續堅守CMI的宗旨，而且有資金以我們的開價或更高的價格收購。

完成交易

選定了前五家公司之後，要將剩餘的資料補足，此時最適合使用試算表。請填寫以下各個欄位：

一、母公司。列出母公司。

二、收購品牌。母公司是否擁有收購交易不可或缺的子品牌或品牌延伸業務？例如，是字母控股（Alphabet，Google母公司）直接收購你的公司，還是由Nest（字母控股的子品牌）收購？在後者的情況下，交易也許還是會經過字母控股審查，但Nest才是進行協商的對象。

三、原因。為什麼各家公司會想要收購你的事業？你的內容創業模式是否能補足買家的內容缺口？你是否可以接觸到買方亟需的受眾？你是否有開發出能讓買方產品組合完備的產品？

四、主要聯絡人。誰是決策者？誰是能接觸決策者的守門人？這是一個人就能決定的事，還是有多個團隊成員？如果是多人一起決定，請列出這個團隊的成員。

見面會

很好的開始！現在要正式開工了。

在接下來的十二到十八個月，你的任務是與名單上的每個主要聯絡人見面和／或交談。這並不是要你提及關於出售公司的資訊。在這個階段，只需認識對方，並開始建立業務關係。也許（只是也許）剛好會有個兩家公司可以合作的專案（雙贏）。

以我們的清單而言，我可以在貿易展和活動上安排會面和會議。請進行透徹的研究，了解你的聯絡人會在哪些活動發表演講或出席。接著傳送電子郵件來安排會面，例如：

> 蘇，你好：
>
> 不好意思打擾了，我是內容行銷學院（Content Marketing Institute）的創辦人喬·普立茲。我會參加XYZ活動，不曉得你有沒有三十分鐘的時間，可以讓我請你喝杯咖啡。希望能和你見個面聊聊近況，然後討論一下工作。我在XYZ時間和日期有空，如果這些時間不方便，請告訴我你希望安排的時間。

務必要讓電子郵件內容簡潔有力，而且一定要列出時間和日期（高階主管最討厭需要多次來回的電子郵件）。用這個方式爭取到的會面機會應該會多到讓你大吃一驚。如果你沒有電子郵件地址，可以試著透過Twitter或Linkedin的私訊功能聯絡對方。

經營雙方關係

見到聯絡人之後，就該開始經營雙方關係。不妨每隔兩個月就傳給對方重要的連結或報告，內容不需要太多，不過加上一句「我想你可能會對這份報告有興趣，請看看第四頁」可以助你事半功倍。

敲定清單

有些即將退場的創業家不會限縮範圍，他們喜歡把更多公司當作潛在買家，讓交易有更多可能性。我偏好篩選出四到八家公司，但如果你需要在清單上多納入幾家，那也無妨。你並不是在向全世界宣傳你要出售公司，只是在接觸一些理應對收購你的事業非常感興趣而且可信任的對象和企業。進行過充分的研究後，你會知道這什麼是合適的選擇。

朝目標成長

我和妻子希望在二〇一五年完成交易。問題是什麼呢？到了二〇一四年底，我們沒有財務資料可以證明公司有一千五百萬美元的估值（稍後會談到估值）。因此，我們在二〇一四年做出了好幾個決策，包括購入兩個小型房地產和一個電子郵件資料庫。我們認為收購這些資產，再加上持續自然成長的幅度，可以讓我們達到心中的目標。

到二〇一五年初，一切都已經就緒，我們準備好執行後續的策略了。

整頓內部

你必須要安排兩次會面。首先是你的律師。

需要採取哪些措施保護你和家人？你是否需要注意任何法律問題？

在這個階段也應該要檢查你所有的合作夥伴、供應商和員工協議，是否有任何部份有疑慮？

請採取以下步驟：

一、準備手上每份協議的副本，並放置在同一個資料夾（紙本或數位）。

二、付費請律師檢閱（或重新檢閱）所有協議，找出有疑慮的部分。

三、解決任何需要解決的問題。

見完律師之後，下一站是去見會計師。

當前最大的問題很有可能是你整理財務資料的方式，也許不符合買方的分析需求。這是現在需要特別注意的一點（稍後會詳談）。

你必須和會計師一起審視稅務相關的各種影響。是否有更好的出售時機？更理想的買方類型？請確保會計師將所有資訊都清楚列出，以便你確認最終清單正確無誤，以及您的出售時機也大致正確。

聘請財務顧問

我能給的最佳建議就是：千萬不要自己進行這個流程。這表示你需要找一位財務顧問，由他負責所有的書信和協商。除非你的交易預計超過五千萬美元，否則我建議聘請獨立的財務顧問（而非較大型的公司）。人選也是你應該要仔細研究的事項。在我們實行出售計畫前大約一年，我針對財務顧問澈底研究。除了在Google上搜尋外，我也（在保密情況下）向業界朋友請教，並參加了有關併購的演講活動。我們選擇的顧問曾是一家大型媒體公司的財務長，在處理類似我們的小型收購案方面，已有二十年經驗。在一次活動上聽到他演講後，我主動聯絡，結果雙方一拍即合。

根據The Riverside Company的哈爾・格林伯格（Hal Greenberg），大多數媒體企業在聘請財務顧問時會使用所謂的雷曼（Lehman）公式，如下所示：

• 第一筆兩百萬美元的五％
• 下一筆兩百萬美元的四％
• 再下一筆兩百萬美元的三％
• 再下一筆兩百萬美元的二％
• 再下一筆兩百萬美元及以上的一％

針對一千萬美元的交易，費用會是三十萬美元，即百分之三，外加超過一千萬美元金額的百分之一。針對我們的交易，我們同意：

1. 財務顧問將收取最高到一千萬美元的出售價格的二％（僅適用於前期出售價格，不包括出售後的盈利結算或獎金）。
2. 任何超過一千萬美元的金額，財務顧問將收取一．五％。
3. 成交費用上限總計為三十萬美元。
4. 如果沒有完成交易，財務顧問將收取每小時一五〇美元的費用。在這種情況下，財務顧問必須記錄工作時間。

敲定最終清單

如果你有慎選人選，你的財務顧問應該會對潛在買家清單提出一些建議。請確保顧問審視並確認過你所做的假設。

與我們的財務顧問討論後，我們的潛在買家清單從最初四家增加到八家。我們將各個可能性輸入試算表，對每個機會進行全面分析，最後達成一致意見：我們會接觸這八家公司。

提供備忘錄

在確定最終名單後，我們整理出日程表，最終目標是寄發投資備忘錄。投資備忘錄的各個部分包括：

- 執行摘要
- 投資重點
- 公司
    - 概述—CMI
    - 財務摘要
    - 供應產品（細分供應的產品）
    - 受眾／資料庫
    - 行銷與銷售

生產

成長機會

市場概況

競爭對手

管理與所有權

高層管理團隊

員工與約聘人員

所有權

結論

請確保這份文件的篇幅不超過二十頁。我在擬定我們的備忘錄時苦思許久，花了超過三個月的時間多次修改草稿。你會需要考量這樣的可能性。

試探

針對我直接認識的聯絡人，我傳送了一封簡短的電子郵件：

鮑伯你好：

目前我正在出售CMI，你有興趣看一下出售備忘錄嗎？

如果對方表示有興趣，我就會引介我們的財務顧問，他很快就幫我脫離用電子郵件試探的階段，繼續進行後續流程。

如果是我不認識的主要聯絡人，我們的財務顧問會找到正確的聯絡，盡力安排簡短的通話會議來討論交易機會。

得知哪些公司對機會感興趣或不感興趣後，我們就採取了下一步行動。

保密協議

八家公司中有五家想進一步了解我們的財務狀況，並要求查看完整的出售備忘錄。我們的財務顧問取得每位主要聯絡人簽署的基本保密協議後，便將備忘錄傳送給對方。

財務顧問也提供了我們可以透過電話回答問題的日期，以及有意願的買家提出意向書的截止日期。

意向書

在五家有意願的潛在買家中，我們收到了兩份意向書。意向書是指的是不具約束力的簡短合約，是簽訂具有約束力的協議前的前置作業，如股份收購協議或資產收購協議。

意向書通常包含以下項目：

- 交易概述和架構
- 時間表
- 盡職調查
- 保密性
- 獨家協議

意向書在任何層面都不具法律約束力，比較像是求婚提議。當然，對方是認真的，但我們還沒有真正結婚。

我們收到的第一份意向書是個非常不錯的方案，但在購買價格方面低於我們的預期。第二份意向書則讓我終身難忘。

當時我剛參加完紐約的研討會。我的語音信箱有一則財務顧問的留言，告知我要記得查看電子郵件。那是一封來自國際活動公司的電子郵件。

我打開信件，讀了一遍。然後我打電話給妻子。回想起當時，那是屬於我們的時刻，我們哭著告訴對方「我們做到了」。從財務層面看來，那是我們夢寐以求的一切。從運營層面看來，我們需要進一步了解。該公司對這次投資有很多要求，這十分合理。

在接下來的兩週，我們就幾個問題進行多次討論，最終在正式的提案會議達成協議。

提案會議

在收到意向書的一個月後，我們進行了首次面對面會議。我、妻子和我們的財務顧問在紐約市預訂了小型會議室，與買方的兩位高階主管開會。其中一位負責該部門的併購業務，另一位則負責實際的部門運營。

為了做好準備，我根據出售備忘錄彙整出一份簡報，並努力解決買方提出的疑慮。會議非常緊湊，買方對我們的成長假設提出了諸多質疑。會議費時約三個小時，結束時我簡直筋疲力竭。

簽署意向書

當時我實在太天真，以為我們收到的意向書可以確保一些事，結果並不是。意向書比較像罐子裡還未成形的培樂多黏土，真正重要的是已經簽署的意向書，這會是擬定最終資產收購協議的範本。

在提案會議之後，我們收到買方的多項要求，包括我們的過去所有的財務報表、根據會議結果更新後的預測、銷售管道和組織結構。這一刻，我們才發現自己的稅務和會計安排與買方完全不同。警語：盡可能早一點讓你的會計師參與這個流程。

提案會議過後大約七週，我們收到修訂版意向書，並且完成簽署。儘管整體交易金額沒有變化，但有些金額從預付款移到了盈利結算（根據出售後三年內業績獲得的報酬）。我們很滿意，但現實狀況是：當你出售公司，只有預付款金額才算數。交易完成後可能會出現各種狀況，盈利結算或獎金在某些情況下會十分豐厚，但也可能永遠不會實現。我和妻子之所以簽下這筆交易，是因為預付款符合我們的目標。

財務地獄與協商

接下來的四個月是我一生中最糟糕的日子，我和妻子處理了數百份試算表和運營文件，我甚至開始痛恨發明試算表的那號人物。如果你想出售事業，尤其是像我們一樣出售給跨國企業，務必要設想可能會發生什麼狀況，以及你必須採取的行動。

我們有一些活動的報名情況未達預期，因此買家開始感到憂心。儘管如此，買家所有的問題都已得到解答，現在是時候收到最終協議了。幾個星期過去。沒有消息、沒有協議，換我開始感到憂心。

離開位於克里夫蘭市中心的一場會議後，我接到財務顧問的電話。他請我先坐下來。顯然，買家打算先進行一些重大變更，再提供最終協議給我們。第一，買家再次調降預付款。第二，買家調降了整筆財務交易的金額。

我非常洩氣、疲勞又沮喪。我聽完財務顧問傳達的所有詳細資訊後掛掉電話，坐在克里夫蘭市中心的購物中心Tower City，努力思考該怎麼做。畢竟，球還在我們手中，我們隨時可以拒絕交易。

我打電話給妻子轉達詳情。我告訴她，我正在考慮取消交易。她說她支持我所做的任何決定，即便她真的很想出售事業。

我沒有自怨自艾，而是把危機當作轉機。如果買家不想花這麼多錢，也許我可以爭取其他條件來壓低價格。於是我開始劃掉之前的筆記。

我擬定出新計畫。

我願意有條件地接受買家的條款。首先，我要取得書面保證，確保我仍在公司內部時，不會有人未經我的同意遭到解雇或遣散。其次，我針對交易完成後我必須留在公司三年的條件表達疑慮。如果買家要降低交易金額，我想要獲得更多自由。我要求買家將我的留職期從三年縮減到一年半（我的妻子則是在收購完成後六個月後離職）。第三，如果買家打算降低預付款，我想加速盈利結算。我要求如果公司達到一定的業績目標，針對最初幾筆盈利結算，我們要提前獲得較高比例的分紅。

買家同意了這些條件。前兩個條件（確保團隊完整和縮短我的留職時間）絕對值得我們放棄的每一分預付款。千萬不要害怕提出任何要求，最糟的情況頂多是被拒絕。

通知團隊

一個月後，交易定案。從收到意向書到簽署資產收購協議共耗時六個月，而從我們展開出售流程開始計算，正好用花了十二個月。

我們收到最終簽章後，我和妻子滿心期待看到預付款。當我看到網路銀行對賬單上有那麼多個零，差點把電腦摔到地上。我們收到款項的那一刻，交易正式完成。我們的銀行帳戶多了一千七百九十萬美元。

現在要進入最困難的階段。我和妻子分工通知我們的團隊成員。收到大額獎金的成員滿心歡喜，但他們也和大多數其他成員一樣感到不捨，他們對現狀很滿意。團隊原本就知道公司目標一直都是出售，所以他們並沒有太驚訝。

自從收購交易完成以來已經過去四年多，幾乎每一位初創團隊的成員都還留在內容行銷學院，最令我感到高興的也許就是這一點。想必我們當初確實做了一些正確的抉擇。

從約聘人員到正式員工

我們所有的團隊成員都是採用1099報稅表的約聘模式。在出售之前，我們公司只有兩名員工：我和妻子。從創業初期到出售，我們都鼓勵約聘員工從事副業，每週工時不超過三十二小時，以遵守稅務相關法規。買方公司要求我們將重要的團隊成員轉為全職員工，因為他們認為CMI的價值主要源於這個團隊，並且想要盡力留下重要成員。

在交易完成前夕，需要有十幾名約聘人員同意在新組織中轉為全職員工（並享有員工福利）。大多數的團隊成員都很樂意，尤其是想要長期享有醫療福利的員工。

【參考資料】

"How to Create an Exit Strategy," Edward Lowe Foundation, accessed October 12, 2020, https://edwardlowe.org/how-to-create-an-exit-strategy/.

"What Is a Letter of Intent (LOl)?" Corporate Finance Institute, accessed October 12, 2020, https://corporatefinanceinstitute.com/resources/templates/word-templates-transactions/letter-of-intent-loi-template/.

第二十二章
評估選項

人生面臨挑戰時，你有三個選擇：離開、改變或接受。

——菲爾・麥格勞（Phil Mcgraw）*

這絕非全有或全無的抉擇。當你要決定事業的未來，並尋找屬於你的創作和財富自由，有很多選項可以考慮。

▲如果你已經充分掌握這個概念，請直接跳至下一章。

*註：美國知名電視節目主持人、作家。

在二〇〇〇年，Netflix只是成立兩年的小型新創公司，提供服務的方式是將電影DVD郵寄給訂閱者。當年，Netflix有一百名員工、三十萬名訂閱者，以及五千七百萬美元的虧損。

他們亟需出售事業。

於是Netflix創辦人向百事達（Blockbuster）的品牌長提出可能的收購方案，當時百事達是市值六十億美元的電影租借連鎖店，共有九千家分店。Netflix提議百事達以五千萬美元的價格收購公司。

百事達拒絕了，因此Netflix決定讓公司上市。

如今，Netflix的市值約為兩千五百億美元；而最後一家百事達則座落在奧勒岡州本德（Bend, Oregon）。

出售部分事業

出售事業並非全有或全無的抉擇。不同於CMI的作法，Copyblogger的布萊恩・克拉克選擇售出部分事業來達成自己的目標。

根據布萊恩的說法：

> StudioPress原本是我們WordPress的部門，其中包括設計框架、搭配框架使用的設計Genesis，以及我們的WordPress代管服務。後來這些全都被WordPress代管公司W Engine收

購。另一個部門叫做Rainmaker，是我們的軟體即服務產品，包括Rainmaker平台、Scribe和一些搭配平台使用的多種軟體。Rainmaker是我們的內容管理系統，而StudioPress則是專為想讓網站更容易操作和更美觀的WordPress使用者設計。

我想要離開服務業，我想創辦網路事業。我成立Copyblogger時，並沒有想要員工。我不想統治世界，我只是想變快樂、賺錢養家糊口。

快轉到十年後，現在我有一家市值千萬美元的公司，有六十五名員工。總之，我根本沒料想到這一切。年復一年，我們持續成長，不斷開發新產品，賺進更多錢，最終實現千萬美元營業額的目標。在兩個部分被收購之前，公司的現況就是這樣。基本上，我們已經發展到這個地步，出於各種原因，一旦營業額達到千萬美元，情況就會有所不同，我聽過很多創業家這麼說。經營成本增加、組織規模明顯大過以往，我們面臨的可能性要不是接受私募股權投資，要不就是出售事業。我對接受私募股權投資不感興趣，因為我的孩子還在上高中，在我身邊的時間只剩下幾年，我不想為了別人的投資報酬率而犧牲這些。所以，我們開始和那些已經表達收購意願的對象進行討論，收購交易就這樣敲定了。

智慧財產權

布萊恩針對智慧財產權提出以下建議：

你絕對不可能為協商和盡職調查做到十全十美的準備。簡單來說，這個過程就是由外人來評估你對自己的事業所做的每一個決定，是個讓人覺得自己很渺小的體驗。話雖如此，我們向來以非常嚴謹的方式經營。我們明白沒有處理好法律層面、財務紀錄等工作的後果，我們一直非常謹慎行事。

我在智慧財產方面非常嚴謹，這在收購案中極為重要。所以，務必要非常注意這一點，並且在律師的協助下確保一切沒有問題。例如，根據標準的普通法，當你的員工為你創作出成品，擁有成品的是你的公司。不過，比較完善的作法是要求這些創作者放棄所有智慧財產權。我們已經在一些案例採取了這種作法，但不是全部，所以我們必須在盡職調查期間補足這一塊。可以想像一下，如果這些創作者不再是你的員工，可能會對你造成多大的壓力。

幸運的是，我們和幾乎所有人維持良好的關係，所以這方面沒什麼大問題。

創投與否

市場研究產品SparkToro創辦人蘭德．費希金（Rand Fishkin）也創立過內容創業事業，也就是SEO研究工具Moz（前身為SEOMoz）。為了他的新創企業，他想要讓財務模型脫離創投資金。蘭德表示：

我苦思許久要如何組織SparkToro的結構，並且把長期的退場規劃納入考量，畢竟我在經營Moz時遇過不太愉快的經驗。Moz的資金來自創投公司，依照這樣的結構，交易案至少要超過一億美元你才能退場，甚至有時候交易案得超過三億美元，才會對投資人有價值和吸引力。所以，儘管Moz的年度經常性收入超過五千萬美元，卻是一家陷入僵局的公司，因為無法提高成長率。在創投界，成長率才是實現交易和退場的關鍵。

針對SparkToro，我想建立不需要大規模退場交易就能讓團隊和投資人接受的事業結構，所以我們進行了一輪非常特殊的募資。我們還沒有命名，姑且稱之為SparkToro資金結構。我們基本上是一家有限責任公司(LLC)，我們的投資人擁有股份，我們有獲利的時候他們可以獲得分紅。如果我們有一天要出售公司，他們會獲得在公司的持股比例，或者可以拿回投資的資金，視何者價值較大來決定。

SparkToro會是我們投資人投資組合中表現最出色的公司之一，無論我們每年賺進兩百萬美元、兩千萬美元還是兩億美元(因為公司每年都會根據利潤支付股息)。創投資產中沒有任何一種類別是這樣運作。我希望經由SparkToro來開闢新的路線，希望能建立一種結構，讓其他各類創業家可以用來為他們的事業籌措資金，也讓其他投資人可以有所期待，因為我認為傳統創投之外還有更多可能性。

舉例來說，假設我和你都握有Moz的股份(蘭德和妻子目前擁有Moz百分之十八的股份)。技術上來說，在帳面上我們很有錢，但這種資產沒有流動性。直到或除非有人想購買股份，否則這些持股一文不值。我無法將股份出售給其他人，沒有人想買，所以我的淨資產基本上是從我的薪資存下來的。直到或除非事業出售，這些股份才會有價值，對我們的投資人來說也是如此。誰知道那是什麼時候呢?幾年後,還是十年後?Moz也許會不知怎麼地再次獲得成長動能,讓有意收購的人士開始產生興趣,但就現實而言,這也可能永遠不會發生。儘管Moz每年都穩定獲利,每年都在銀行賬戶多存入五百萬至一千萬美元,但這些錢無處可去。

如果我和你百分之百擁有Moz,我們可以決定:「嘿,一年的成長率只有百分之五到十,那有什麼關係?我們每年可以一人可以把五百萬美元帶回家,因為利潤率很漂亮。」如果你的資金來自創投,這個選項基本上不存在,而這就是SparkToro之所以如此成功的原因,即使SparkToro的年營收只有兩百萬美元,我們每年的支出不到五十萬美元,所以每年公司可以分給投資人一百五十萬美元的利潤。即使擁有沒有出售機會,我們的投資人也可以獲得十倍的報酬。

這就是關鍵,也是我、布萊恩和蘭德三人都學到的教訓:為事業籌措資金(然後退場)的最佳方法,首先就是不要接受任何外部資金;其次,如果必須募資,請從家人、朋友或小型個別投資人開始問起;第三,請極力避免採用內容創業模式加上創投的作法。以蘭德的例子來說,他接受的創投資金反而是他無法順利退場的阻礙,他無法自行決定何時退出自己的事業。

估值

如果你想知道自己的內容創業事業價值多少,最簡單的答案就是:買家願意支付的任何價格。我不是在開玩笑，在某些案例中，我見過買家為媒體公司付出巨額溢價，有些案例則是少得可憐。

大型上市媒體公司的估值落在營收的兩倍到四倍之間。Netflix和迪士尼的估值超過四倍，而AMC Networks和News Corp已經下跌至不到兩倍（請見表格22.1）。

表格22.1 媒體公司估值本來就沒有一定標準，背後有其原因

市值最高媒體公司的營收／股價
高 <4
Netflix 7.4 Disney 4.6
中 2-4
Discovery 3.4 Comcast 2.9 New York Times2.7 AT&T2.6 Fox2.2
低 < 2
ViacomCBS 1.8 AMC Networks 1.7 Meredith Corp. 1.5 Lions Gate 1.4 News Corp. 1.0 Gannett 0.7 Sky Network 0.7

資料來源：Capital IQ，二〇一九年十二月

私人公司被收購時，價格差異極大。根據《華爾街日報》和PitchBook，Spotify以營收十五倍的價格買下Gimlet（Podcast公司），也就是以兩億三千萬美元的價格收購年營收一千五百萬美元的公司。PopSugar以營收三倍的價格出售給Group Nine；冥王星電視（Pluto TV）以營收二．三倍的價格出售給維亞康姆（Viacom）。

規模較小的媒體和內容創業企業的估值通常較低。你的公司價值取決於營收、利潤以及實際銷售的產品。在我們經過一番交涉後，我們最終以大約營收二．五倍和淨利潤十倍的價格售出CMI。由於我們主要是一家活動公司（大部分收益來自付費活動報名與贊助），這是我們與潛在買家達成協議的估值。

如果你回顧一下第十八章的內容創業營收模式，會發現訂閱和活動收入可以獲得更多加乘，因為這些比較可預測的收入管道（暫且不談疫情衝擊）。線上教育課程與軟體即服務模式的估值相當，加乘大致為營收的八倍。至於Netflix和Copyblogger Pro等會員制模式，由於可以自動每月或每年收費（類似於Slack或賽富時等模式），所以也非常受青睞。

大部分營收來自廣告或贊助的事業獲得的加乘較少。幾年前，我有一位同事以營收一倍的價格賣出紙本雜誌資產，另一位則以營收一．二五倍的價格出售地區性活動事業（每場活動通常有一百人參加）。剛創業時不妨利用任何可行的營收管道（例如贊助），但內容創業模式應該要持續努力朝著更可預測的收入管道邁進。

產業是很關鍵的因素，消費者與B2B市場之間的差異也是需要考量的一點。媒體併購和行銷顧問約翰．布隆丁會以EBITDA（利稅前營業收益、折舊和攤銷）評估客戶公司的價值。約翰指出：

在澳洲和紐西蘭，消費者市場產權的合理估值通常落在五到二十五倍EBITDA之間，知名度高的產權通常能夠以較高的倍數出售。至於B2B媒體公司，以前的估值落在三到五倍EBITDA之間。不過在過去五年間，我經手過幾筆總價超過一百萬美元的產權交易，是以〇．八五到一．七五倍EBITDA來計算。我也經手過將產權賣給旅行社公司的交易，買方認為資料庫和數位品牌對他們的業務很有價值，最後產權的收購價格為一美元，並由新的經營者承擔現有員工的補償。交易就是交易，重點是要找到對產業感興趣而且能看出公司營收模式有增值潛力的買家。

總而言之，你的內容創業事業估值應該以營收的一至三倍計算，合理的起始估值落在二到二．五倍。如果以EBITDA估算，對於不太受青睞的產業（或沒有經常性收入的營收模式），可以估值為五倍；有經常性收入的營收模式，則可以估值十到十五倍。在出售我們的公司之前，我和妻子是以年營收的兩倍（或EBITDA的八到十倍）作為來估算內容創業事業的基本價值。為了達到一千五百萬美元的賣價目標，我們知道不能在二〇一五年出售，因為我們二〇一四年的營收為六百八十萬美元（以EBITDA的兩倍計算，售出價格大約落在一千四百萬美元）。我們等待了將近一年，直到我們能夠清楚得知二〇一五年最終的營收數字（約為九百萬美元）。我們計算了一下，確信我們有望爭取到可接受價格範圍內的報價。

堅持到底

你不一定要選擇出售，建立內容創業模式之後，你有很多其他的選項。像先前提到的，《當紅企業家》創辦人約翰・李・杜馬斯（John Lee Dumas）決定做出不同的選擇：「我決定保留事業，並且維持小規模。我們有三個虛擬助理（每月薪資不到三千美元），淨利潤率達到七成以上，每年實際營收數百萬美元（在波多黎各總稅率為百分之四）。我不想建立內容創業企業，只想專注於設計自己的生活型態，以幸福、健康和自由為重。」約翰已經做出了多項決策來實現這項目標，包括移居波多黎各和聘用多個虛擬助理。他公開的長期損益表顯示，他的事業仍然具有獲利能力。

另一方面，丹麥永續美容品牌Mild則決定擴張規模，與挪威和德國的大型零售商建立合作關係，目標是將產品推向全世界。

創辦Your Brain Balance的夏洛特・拉貝（Charlotte Labee）永遠不會考慮出售的選項：「如果我賣掉這家公司，我就會失去我的志業。我還有六十多年的壽命，所以讓我在接下來的六十年繼續努力，我一定會很幸福。」

尚-巴蒂斯特・杜肯尼（Jean-Baptiste Duquesne）將750g分為兩個部分售出，先在二〇一三年賣出公司的兩成股份，接著在二〇一六年出售其餘部分。如今，他很滿足於經營750g International（已更名為Groupe SEB Media），並規劃在二〇二一年推出新的國際品牌，增加全球知名度。

「熊掌理論」的克莉絲汀・博爾（Kristen Bor）則在規劃放慢步調。她已將許多工作交接給一名全職員工。她願意繼續參與事業，但也想探索未來的可能性。

創辦「行銷公司管理學院」(Agency Management Institute)的德魯・麥克倫(Drew McLellan)正在制定過渡計畫。「我現在才開始把我的公司當作資產。」德魯表示:「我有各種不同的資產,也許有人會想要收購部分或全部。現在,我正在努力把這個事業從我熱愛的工作,轉型成未來更容易出售的公司。」每一種內容創業模式都可以有不同的規劃,但每一種規劃都需要有個開始。

防範職業倦怠

遊戲理論(Game Theory)的馬修・派翠克(Matthew Patrick)將「過去兩年投入在擬定退場策略、長期目標和長期可能性。」

對馬修而言,內容創業模式最需要注意的危機就是職業倦怠:

有些內容創作者每週產出一部影片,或甚至每週七部影片,連續做了八、九、十多年。就連我們也是這樣。《遊戲理論》這個節目已經播出了八年,幾乎沒有一週是暫停播出。每集節目都要花上一百個小時的製作時間,實在是讓人筋疲力竭。所以在過去兩年間,你會看到很多創作者公開坦誠地討論職業倦怠的問題。這種狀況就像「嘿,我不小心跳上了這台內容跑步機,但現在我需要休息一下,不然我會靈感盡失或不成人形。」

剛開始創業的時候,你只是希望能維持生計,獲得足夠的粉絲來達到某個門檻。你從來沒想過最終目標是什麼。

為了尋找靈感，馬修研究了史上最成功內容創業模式實例Smosh.com。創辦人想退出事業，所以他們花了幾年的時間，慢慢讓其他演出成員接手。這些成員一開始是擔任配角，讓觀眾逐漸熟悉他們。一段時間後，配角就可以成為主角。創辦人將信任感漸漸轉移到新的團隊成員身上。這個計畫奏效了，兩位創辦人也順利退場。

成功執行這樣的計畫需要多年的籌備工作。早在我們啟動出售流程之前，我和妻子就開始把重心轉移到團隊上，而不是總是讓我個人成為焦點。到了我們完成出售交易時，我只負責製作極少量的內容，因此公司的內容製作幾乎沒有明顯的變化，不會影響到受眾。

馬修再次強調，為了數否退場，「你必須提前好幾年開始思考（退場），然後朝著這個目標努力。」如果你規劃得不夠周全，「一旦你退出，所有人都得跟著你一起退場。」

【參考資料】

Hastings, Reed, and Erin Meyer, No Rules Rules: Netflix and the Culture of Reinvention, Penguin Press, 2020.

Interview with Paul Roetzer by Joe Pulizzi, September 2020.

Interviews by Clare McDermott:

Brian Clark, August 2020.

Drew McLellan, August 2020.

Rand Fishkin, August 2020.

Interviews by Joakim Ditlev:

Charlotte Labee, September 2020.

Jean-Baptiste Duquesne, September 2020.

Nicki Larsen, September 2020.

Shove, Caelum, «Media Mergers and Revenue Multiples,» TV [RJevenue, accessed October 12, 2020, https://tvrev.com/media-mergers-and-revenue-multiples/.

第九部　升級內容創業模式

知識若沒有經過持續精進、質疑、並提升，將不復存在。

————————————彼得・杜拉克（Peter Drucker）

打造成功的內容創業模式事業之後，現在該如何保持內容創業模式的動能？

第二十三章
化零為整

除非你打算往回走，否則永遠別回頭。

——亨利・大衛・梭羅（Henry David Thoreau）*

如果創造五百萬美元的資產需要費時五年，你可以運用內容型模式在十年內成就什麼？

▲如果你已經充分掌握這個概念，請直接跳至下一章。

* 美國作家與詩人。

成功沒有固定的時間表，雖然我也很希望有。

我的內容創業模式之旅從二〇〇七年四月開始，在二〇〇九年差一點就要放棄，因為我覺得自己沒有耐心繼續經營。幸好我有堅持下去，並且向妻子承諾我會再撐幾個月。到了二〇一〇年五月，受眾人數開始飛速成長，我終於能夠爭取到贊助，讓公司持續營運。在二〇一一年，我們的營收達到一百萬美元。之後連續三年，我們被《企業家》雜誌列入美國成長最快速的前五百大私人企業。最後在二〇一六年，我們以將近三千萬美元的價格售出事業。

我們在二〇一二年達到估值五百萬的標準，從創業開始花了五年。這不是什麼高深的學問，不過還算是不錯的水準。本書採訪的大多數內容創業模式實例在創業五年後，估值都落在兩百萬到一千萬美元。

圖23.1　內容創業過程

內容創業模式時間表

以下圖表是費時十年研究過數百個內容創業模式實例的成果，可清楚呈現出整個創業過程需要費時多久。

現在，讓我們仔細分析個各步驟。

一、甜蜜點與轉換內容：二個月

你需要幾個月的時間來找到甜蜜點，並且開始測試轉換內容的方式。以CMI為例，內容行銷（關鍵詞）的轉換方式很快就確定。幾年後進行調整，將重點放在企業內部的行銷專業人士，整套模式因此全面升級。

二、穩固基礎：十二個月

不妨先投入幾個月測試你的平台。以至少六個月為期限，你應該要確定自己的核心平台。接下來的六個月，你必須以培養最多受眾為目標，確立內容計畫、發布頻率以及訂閱選項。

三、培養受眾群：四個月

基礎可以正常運作之後，應該要把所有心力投入在累積同意訂閱的人數。務必要提供電子郵件服務，尤其是如果你的基礎是建立在社群媒體平台上。雖然基礎也許已經可以正常運作，但此時你可能還沒有規模夠大或夠集中的受眾可以創造收益。

四、創造收益：六個月

儘管你一定會想要盡快創造收益，但營收管道通常會在創業十八個月後才會浮現。請投入幾個月的時間找出最理想的營收管道，然後持續專注經營單一管道數個月，接著再開始尋找其他管道。專注就是關鍵。

五、管道多樣化：十二個月

現在你已經有順利運作的核心平台，接下來需要的是創造更多延伸品牌的機會，讓這套模式「降低風險」。方法包括自然延伸品牌，或是收購內容資產。將管道多樣化的成熟時機落在創業後兩至三年。

六、售出或擴張：二十四個月

取決於你的整體目標和退場策略，時間表會有所不同。如果你在初期沒有規劃，你至少需要在完全踏入管道多樣化階段時，就開始擬定書面的退場策略。如果你已經發展到這個階段，你的事業很有可能真的有其價值，也許會有人想收購，也許事業會成你生活型態的一部分，在將來持續為你帶來收益。

總而言之：「耐心」

保持耐心。

當初我從認為自己一敗塗地，到開始打造出大有前景的事業，之間僅有九個月的時間。現在回想，就差那麼一點，我也許就會直接放棄創業，去找份「真正的」工作。我很慶幸當初沒這麼做；我的內容創業模式事業成果讓我的夢想得以成真。如果我當初不夠有耐心，以上這些情景都不可能實現。

在這段過程中，我一直堅信內容創業模式就是創業的最佳策略。沒錯，內容創業模式非常與眾不同……也許有人會認為這是很怪異的創業方式……但相較於一心希望新產品可以大發利市，內容創業模式絕對是更有效的策略。請向大衛學習，避免用最一般的方式對抗歌利亞（然後慘敗）；選擇另一條路，讓自己成為具優勢的一方。

佇足不前

在應用內容創業模式的過程中，你可能會在某些時刻覺得這套模式的效果不如預期，這是正常現象。對大多數人而言，以內容創業模式創業就像利用未知的力量；長年來公司企業習慣透過大眾媒體宣傳，但現在卻要試圖找出其他方式，讓客戶了解公司在產品及服務之外的價值。如果你在推行內容創業計畫的過程中遇到阻礙，請回頭複習本章內容，阻礙出現的原因可能如下：

- **內容行銷過於自私**。你製作的內容應該要解決受眾的急迫問題，所以請減少提及自家產品與服務。即使內容主題是產品與服務，也應該要讓受眾感到與自身相關。
- **半途而廢**。內容行銷失敗的最大主因就是突然中止或沒有持續。請切記，你所傳遞的內容，就如同對客戶的承諾。本書中所提及的實例之所以成功，正是因為這些創業家從未停止創作出色又吸引人的內容。
- **活動重於受眾**。鼓勵群眾四處分享你的內容或是與內容互動，這類活動本身其實沒有太大意義，除非這是你培養受眾的手段。企業最常犯的錯誤就是沒有預先規劃，因此無法順利透過創作及傳播內容培養受眾。
- **缺乏宣傳**。你是不是投入太多時間和資源在內容，卻沒有顧及內容的行銷？
- **缺乏觀點**。成為業界專家的條件，就是要獨具觀點。你必須選擇立場，遊走灰色地帶不僅令人感到無趣，重點是通常也無法成功。
- **缺乏流程**。這種情況簡直是天天上演：行銷企劃需要置入的廣告，接著有人問起部落格或白皮書，眾人四處奔走，結果有人要外出才能拿到內容。務必要預先規劃，再開始創作、重製、以及傳播內容。
- **缺乏呼籲行動**。每一份內容的目標都應該是呼籲受眾行動，或是你期望看到受眾有特定行為。如果你仔細思考「為什麼」要製作每一份內容，答案會是什麼？自問這道問題，就等同於促使自己釐清呼籲行動為何，或者其實該放棄這份內容（因為缺乏明確目的）。

- **忽視員工**。員工的專業是最容易受到輕視的內容行銷資產。事實上，員工就是品牌的生命泉源，在製作以及傳播內容的過程中，一定要善用員工的能力。不妨從了解這個道理、那百分之五的員工開始做起，接著分享成功經驗，再鼓勵其餘員工加入。
- **簡而言之：編輯**。編輯工作可說是內容行銷流程中最被低估的一環。有時候，創業家並不了解內容初稿只能稱得上是「好的開始」，此這時就該請編輯接手工作。找人手當編輯或是直接聘請一位吧。

那麼，是什麼導致你的內容創業模式佇足不前？

你冒的險夠多嗎？

在為這一版《內容創業模式》做準備時，我聽了喬．羅根和科林．奧布雷迪（Colin O'Brady）的訪談。

科林是職業極限運動員，他會去挑戰大多數人都不會從事的活動，例如攀登聖母峰或穿越南極洲。他提出的想法打動了我。

他認為，大多數人生活在四到六分的範圍內。所以在這個十分量表中，一分代表最糟糕的一天，十分代表最好的一天。科林認為大多數人很少遇到太高或太低的分數。

一般人只是過著規律的生活，做著例行公事。但仔細想想，四分和最糟糕的一天比起來並不可怕。而六分雖然不算好，但也不壞。

科林並不同意，他認為大多數人不敢冒太多險。用他的說法就是，大多數人沒有去挑戰他們心中的聖母峰。科林認為，當你追求巨大、高風險的理想和目標，就不太可能或落在量表的中間。你通常會有八、九或十分，或者如果你太冒險而失敗了，就是只有一到兩分。

他的看法正確嗎？坦白說，我不知道，但這讓我開始思考自己冒的險夠不夠多。

就本質而言，我確實是冒險家。我在可能不太合理的時機開始創業，接著在不知道如何寫小說的情況下寫了一本小說。我喜歡向這樣的挑戰。對我來說，這些都是遠大的目標，但現在我開始懷疑自己冒的險夠不夠多。

我看到身邊有很多人在等待：等待退休、等待下一次假期、等待升遷。以這些例子來說，他們生活在四到六分之間，真的對世界有正面的的影響嗎？

我也許沒有資格回答這個問題，但卻讓我開始思考。

也許我做得不夠多，也許我可以做得更多。我是不是在某些方面不敢冒險？我是不是太害怕只有一分，以至於不敢追求十分？

我聽到科林對喬．羅根發表這段言論不到五分鐘後，碰巧在我亂七八糟的書桌上看到了這句話，出自美國第三十任位總統柯立芝（Calvin Coolidge）：

> 世上沒有任何東西能勝過堅持。才華不能，有才華但沒成就的人再常見不過。天賦不能，沒有開花結果的天賦幾乎要成了俗諺。教育不能，這世上遍地都是空有學問的遊民。堅持加上決心就足以所向無敵。『堅持下去』這個口號已經一再解決人類的難題，未來也一定可以。
>
> 我很喜歡這段話，因為你沒辦法再找理由了。
>
> 究竟是什麼讓你無法實現夢想？
>
> 任何事在實現之前都看似不可能。
>
> ——曼德拉（NELSON MANDELA）

向前邁進

沒錯，過程中一定會遇上困難，某些時刻你會懷疑自己是否走在正確的道路上，這對任何創業家或小型企業主而言，都是很正常的情況。不過以下才是事實：過去，創業家負擔不起培養受眾的支出；過去，創業家沒有可運用的宣傳管道；過去，受眾不願意與品牌建立連結。

那都是過去。

跟著本書介紹的內容創業模式方法執行，你就有機會改變自己的人生、改變與家人的關係、改變職業生涯、甚至改變世界。我衷心希望你能在此刻把握機會，從此不再回頭。

第二十四章 加入行動

革命不是等待蘋果成熟落地；
而是由你動手摘下。

——切・格瓦拉（Che Guevara）

內容創業模式是一場旅程，讓我的人生從此變得更美好。我希望對你來說也會是如此。

這本書是一個很好的開始，但還不夠。我們需要學得和做得更多，才能打造出以受眾需求（而不是你想要銷售的產品）為出發點的傑出事業。隨著平台和商業模式不斷演變，持續進修也越來越必要。

本章會介紹各種提供靈感和教學的資源，有助於你建立內容創業計畫。

以下是一些我認為相當實用的資源：

- **The Tilt**。完成這本書的第二版後，我覺得不太對勁。雖然我很滿意最終的成果，這個模式也沒有問題，但這還不夠。於是我找了幾位朋友，一起創辦新聞與教育網站「The Tilt」（thetilt.com），來幫助內容創業家沒養受眾並增加營收。我們每週發行兩期電子報，歡迎前往 thetilt.com 註冊，你不會後悔的。
- **《內容電力公司》Podcast**。每週一我會推出一集簡短的Podcast節目，長度都不會超過十分鐘。我也嘗試設計出適合邊做事邊聽的節目內容，所以如果以一般跑步速度，四集節目的時間大約可以跑完五公里。只要前往 Apple Podcasts、Spotify、Stitcher 或 Overcast，然後輸入「Content Inc」就能找到了。
- **《這個舊式行銷法》Podcast**。每週五早上，我和羅伯特．羅斯會一起用（姑且說是）特殊的方式討論最新的行銷新聞，我希望內容有達到寓教於樂的效果。每集節目的長度是一小時，歡迎前往 thisoldmarketing.site 收聽所有集數。

- **喬・普立茲《隨機電子報》**（*The Random Newsletter*）。這是我個人推出的電子報，內容包括有關內容創業模式的深入解析、出版和成功技巧，以及一些關於財金的想法。每一期的結尾我都會談到希望能改變讀者人生的「一件隨機小事」。電子報每週四發刊，歡迎前往JoePulizzi.com註冊。

新一代內容創業模式

當內容創業模式旅程進入後期，你會發現自己需要更多資源、更具洞察力，才能讓事業持續成長。以下是值得參考的資源：

一、寫作

- **安・漢德利**（Ann Handley）**的《安的完全無政府狀態》電子報以及著作《大家都能寫出好文章》**（*Everybody Writes*）。非常有助於提升寫作能力。
- **布萊恩・克拉克**（Brian Clark）**與Copyblogger**。對精進數位文案寫作非常有幫助的網站。
- **莎拉・米切爾**（Sarah Mitchell）**與Typeset部落格**。相當珍貴的寫作與文案創作資源。

二、內容與媒體經營

- **李錦**（Li Jin）。李錦是「熱情經濟」運動的重要推手。她與納森・巴切茲（Nathan Baschez）一起主持Podcast節目《創作手段》（Means of Creation），並經營為創作者提供珍貴技術資源的網站side-hustlestack.co/。

- **《媒體操盤手》（A Media Operator）**。想瞭解如何經營媒體公司必讀的電子報，由雅各．唐納利（Jacob Donnelly）發行。
- **西蒙．歐文斯（Simon Owens）**。西蒙在網站simonowens.substack.com針對類型多樣的內容創業家進行案例分析。

三、SEO／分析

- **安迪．克雷斯托迪納（Andy Crestodina）與「運行媒體工作室」（Orbit Media Studios）部落格**。取得資料分析與SEO實用祕訣的首選。安迪針對產業部落格經營有透徹的研究。
- **威爾．萊諾（Wil Reynolds）與「預言家互動」（Seer Interactive）**。威爾對搜尋引擎最佳化的了解無人能敵。
- **麥可．莫瑞（Mike Murray）與網路行銷教練（Online Marketing Coach）**。我和麥可共事長達十五年，他總是能給我正確的指引。

四、尋獲度

- **吉妮．迪特里希（Gini Dietrich）與Spin Sucks**。Spin Sucks是內容豐富並以公關為主題的部落格。

- **李・歐登**（Lee Odden）**與TopRank線上行銷部落格**。這是內容優質的全方位行銷部落格，但對於網路尋獲度特別有幫助。
- **尼爾・沙費爾**（Neal Schaffer）**與著作《影響力時代》**（***Age of Influence***）。我有機會搶先一睹這本討論影響力行銷的專書，非常值得購入。

五、內容行銷

- **傑伊・阿昆佐**（Jay Acunzo）**與「行銷製作人」**（Marketing Showrunners）。「行銷製作人」是極為實用的資源，有助於你經營數位影片節目或Podcast。
- **羅伯特・羅斯**（Robert Rose）。他是內容行銷界最聰明的一號人物，也可以說是企業內容行銷顧問的先驅。我和羅伯特共同出版了著作《行銷殺手》（*Killing Marketing*），如果你是大型企業內部的行銷人員，這會是很實用的資源。歡迎收聽我們的Podcast節目。
- **布蘭特妮・貝加**（Brittany Berger）**的部落格**。布蘭特妮積極推廣用更少內容成就更多，太讚了！
- **梅拉妮・德齊爾**（Melanie Diezel）。務必要讀一讀她精彩的著作《*The Content Fuel Framework*》。
- **安德魯・漢利**（Andrew Hanelly）。他發行的行銷電子報《*Revmade*》非常出色。
- **丹尼斯・蕭**（Dennis Shiao）。丹尼斯是業界最頂尖的行銷顧問之一。

六、內容策略

- **瑪格．布隆斯坦**（Margot Bloomstein）。著作為《職場內容策略》（*Content Strategy at Work*）。
- **愛戴兒．里佛拉**（Adele Revella）**與「買家人物誌學院」**（Buyer Persona Institute）。業界的客戶人物誌（personas）第一把交椅。
- **安德雅．弗里雷爾**（Andrea Fryrear）。全球最知名的敏捷行銷專家。
- **阿哈娃．利布塔格**（Ahava Liebtag）。她的《數位之冠》（*The Digital Crown*）是以成功網路行銷為主題的傑作。
- **華爾．斯威雪**（Val Swisher）。如果你打算深入研究內容策略，一定要讀她的著作《全球內容策略》（*Global Content Strategy*）。
- **史考特．阿貝爾**（Scott Abel），**《內容管理專家》**（***The Content Wrangler***）**創辦人**。史考特的線上雜誌是有助於了解內容策略實務的實用資源。
- **克莉絲汀．哈佛森**（Kristina Halvorson）**與「大腦流量」**（Brain Traffic）。如果你還不清楚內容策略與內容行銷之間的差異，他們的網站 contentstrategy.com 就是最適合你的資源。

七、社群媒體

- **麥特．納瓦拉**（Matt Navarra）。麥特（@MattNavarra）是你在Twitter上一定要追蹤的人物，他的電子報《*Geekout*》也是業界最佳。
- **傑夫．布拉斯**（Jeff Bullas）**的部落格**。其中有非常豐富的社群媒體與尋獲度相關資源。

- **大衛・梅爾曼・史考特**(David Meerman Scott)**與《讓訂閱飆升、引爆商機的圈粉法則》**(*Fanocracy*)。想知道怎麼把客戶變成粉絲嗎?看這本書就對了。
- **麥可・施特茨納與「社群媒體考察家」**(Social Media Examiner)。「社群媒體考察家」是社群媒體行銷的首選數位資源。
- **馬利・史密斯**(Mari Smith)。全世界最了解Facebook的人物就是馬利。
- **布萊恩・方佐**(Brian Fanzo)。請收聽他的Podcast《按下那該死的按鈕》(Press the Damn Button)。
- **傑夫・柯罕**(Jeff Korhan)。他的著作《內建社群》(*Built-in Social*)極為實用(尤其適合服務公司)。

八、Podcast/音訊內容

- **傑瑞米・歐陽**(Jeremiah Owyang)。傑瑞米針對大部份的行銷主題都有很精闢的看法,不過他最專精的領域是社群音訊。請造訪他的部落格web-strategist.com/blog/。
- **派特・福林**(Pat Flynn)**與《智慧被動收入Podcast》**(Smart Passive Income Podcast)。派特・福林在Podcast領域開拓出新的路線,如果你正在經營Podcast,記得追蹤他。
- **潘蜜拉・馬爾登**(Pamela Muldoon)。潘蜜拉是內容策略專家,也是業界最頂尖的女性旁白配音人才。
- **米奇・喬爾**(Mitch Joel)。他的Podcast《六像素分隔理論》(Six Pixels of Separation)是市面上最傑出也最長壽的節目。

九、視覺敘事

- **唐娜．莫里茲**（Donna Moritz）**的部落格**。深入了解視覺內容的絕佳資源。
- **巴迪．斯卡勒拉**（**Buddy Scalera**）。視覺敘事大師，千萬別錯過他的網站ComicBookSchool.com。
- **傑森．米勒**（**Jason Miller**）。他充分運用任職於LinkedIn和Microsoft的經驗，創立了內容十分精彩的攝影／行銷教育網站「搖滾雞尾酒」（Rock 'N Roll Cocktail）。

十、數位行銷

- **亞倫．甘奈特**（Allen Gannett）**與《尋找創意甜蜜點》**（***The Creative Curve!***）。亞倫的著作《尋找創意甜蜜點》以全新角度解析數位行銷。
- **馬克．薛佛**（Mark Schaefer）**與《行銷造反》**（***Marketing Rebellion***）。對當今行銷業有十分透徹的觀察。
- **安德魯．戴維斯**（Andrew Davis）**的部落格**。安德魯．戴維斯是行銷界最有趣的一號人物。
- **Convince & Convert**。傑．貝爾推出不少實用的資源，包括行銷部落格、及等等。
- **海蒂．科恩**（Heidi Cohen）。記得閱讀她的優質電子報《行銷行動指南》（*Actionable Marketing Guide*），掌握行銷界的最新動向。
- **史考特**（Scott）**與艾莉森．斯特拉藤**（Alison Stratten）。他們的精彩節目《UnPodcast》會告訴你行銷有哪些大忌，而且史考特非常搞笑。

- **約翰・霍爾**（John Hall）**與Relevance.com。Relevance.com**是極為實用的數位資源。
- **莎莉・奧格西德**（Sally Hogshead）**與《魅力》**（***Fascinate***）。閱讀《魅力》有助於你深入了解自己的技能基礎（以找到甜蜜點）。
- **傑森・瑟林**（Jason Therrien）**與thunder:tech部落格。部落格**內容包括豐富的案例研究與逐步指南。
- **喬恩・烏韋本**（Jon Wuebben）。著作為《未來行銷：在生產性消費者時代致勝》（*Future Marketing: Winning in the Prosumer Age*）。

十一、電子郵件行銷

- **潔西卡・貝斯特**（Jessica Best）。有關電子郵件行銷的問題，我一定會向這號人物求教。

十二、創業

- **克里斯・杜克**（Chris Ducker）**與Youpreneur**。克里斯為創業家打造了絕佳的平台，包括現場活動及具有啟發性的Podcast。
- **克里斯・布洛甘**（Chris Brogan）**與凱瑞・戈爾貢**（Kerry Gorgone）。他們的影片採訪節目《背包旅行秀》（Backpack Show）十分精彩，適合創業家收看。
- **約翰・李・杜馬斯與《當紅企業家》**（Entrepreneur on Fire）。《當紅企業家》是創業家不能錯過的Podcast節目。

- **Podcast節目《詹姆斯・阿圖徹秀》**（The James Altucher Show）。詹姆斯・阿圖徹的Podcast幾乎總是能讓我學到東西。
- **馬庫斯・謝里丹**（Marcus Sheridan）**與《他問你答》**（They Ask, You Answer）。《他問你答》是精選讀物，有助於了解如何創造符合客戶真正需求的內容。

十三、B2B

- **道格・凱斯勒**（Doug Kessler）**與速度夥伴**（Velocity Partners）**部落格**。幾乎可以說是全世界最頂尖的B2B行銷部落格。
- **邁克爾・布倫納**（Michael Brenner）**與「行銷內部人士集團」**（Marketing Insider Group）。適合用於了解行銷管理團隊、見解與研究。
- **潘・迪德納**（Pam Didner）**的部落格**。包含關於促進交易的充實資訊。
- **阿德斯・阿爾比**（Ardath Albee）**與「行銷互動」**（Marketing Interactions）。需要更了解B2B買家嗎？Marketing Interactions就是你的首選。
- **伯尼・百格仕**（Bernie Borges）。Podcast節目為《現代行銷引擎》（Modern Marketing Engine）。
- **提姆・里斯特勒**（Tim Riesterer）**與《擴張銷售法》**（***The Expansion Sale***）。《擴張銷售法》是有助於了解客戶心理的絕佳讀物。
- **湯姆・馬丁**（Tom Martin）。著作為《隱形銷售法》（*The Invisible Sale*）。
- **茱莉亞・麥考伊**（Julia McCoy）。著作為《內容策略與行銷實務》（*Practical Content Strategy &*

Marketing）。

- **亞倫・奧倫多夫（Aaron Orendorff）與IconiContent**。獲得B2B策略和電子商務秘訣的絕佳管道。

十四、行銷公司生活

- **德魯・麥克倫與史蒂芬・沃斯納（Stephen Woessner）**。他們的著作《權威行銷法》（*Sell with Authority*）是所有行銷公司從業人員的必讀教材。
- **保羅・羅澤（Paul Roetzer）**。他的著作《行銷公司藍圖》（*The Marketing Agency Blueprint*）對行銷公司有詳盡的描寫。

十四、法務問題

- **露絲・卡特（Ruth Carter）與著作《經營部落格的法律面》（*The Legal Side of Blogging*）**。露絲的著作提供了許多重要資訊。
- **莎朗・托列克（Sharon Toerek）與Legal +Creative部落格**。L+C部落格內容極為實用。

十五、資料／人工智慧／行銷科技

- **保羅・羅澤與「行銷人工智慧學院」（Marketing AI Institute）**。「行銷人工智慧學院」是行銷與人工智慧教育資源先驅。

- **史考特・布林克**（Scott Brinker）**與「行銷技術地圖」**（Marketing Technology Landscape）**超級圖像。**如果你還沒看過「行銷技術地圖」超級圖像，請立刻停下手邊的事，然後在Google上搜尋。
- **克里斯多福・潘**（Christopher Penn）。每次我遇到分析或資料科學上的問題，一定會向克里斯多福求教，他是業界最頂尖的專家。
- **道格拉斯・卡爾**（Douglas Karr）**與「行銷技術專區」**（Martech Zone）。任何關於行銷科技的資訊都可以在Martech Zone找到。

十六、研究

- **「螳螂研究」**（Mantis Research）。提供最佳的行銷研究與研究實務教學。
- **湯姆・韋伯斯特**（Tom Webster）**與「愛迪生研究」**（Edison Research）。「愛迪生研究」匯集了網路上的音訊內容與Podcast趨勢與研究。

十七、未來趨勢

- **喬爾・科姆**（Joel Comm）、**崔維斯・瑞特**（Travis Wright）**與《壞幣Podcast》**（The Bad Crypto Podcast）。喬爾和崔維斯是非同質化代幣（NFT）領域的先驅。
- **布萊德利・邁爾斯**（Bradley Miles）。布萊德利是社交貨幣平台先驅Roll的創辦人，他的電子報《社交貨幣時報》（*The Social Money Times*）也是不容錯過的資源。

世界各地都有極為傑出的專家，以下是你一定要關注的國際思想領袖：

- **AJ・胡斯曼**（AJ Huisman）、**伯特・范・羅恩**（Bert Van Loon）與「**快轉內容行銷**」（Content Marketing Fast Forward）。兩位紳士在荷蘭將內容行銷提升到全新層次。
- **卡斯奧・波利蒂**（Cassio Politi）**與著作《內容行銷大師班》**（*Content Marketing Masterclass*）。卡斯奧的著作值得一讀，堪稱是巴西的內容行銷思想先驅。
- **費南多・拉瓦斯蒂達**（Fernando Labastida）與「**拉丁美洲內容行銷**」（Content Marketing Latam）。費南多十年來致力於在拉丁美洲推廣內容行銷。
- **約金・迪特列夫**（Joakim Ditlev）。丹麥的內容行銷第一號人物。
- **耶斯波・拉森**（Jesper Laursen）。「原生廣告學院」（Native Advertising Institute）創辦人，同時也在丹麥經營十分厲害的內容行銷公司。
- **伊戈爾・薩維奇**（Igor Savic）、**普里莫茲・因克雷特**（Primoz Inkret）、**安雅・嘉巴斯**（Anja Garbajs）、**內納德・塞尼奇**（Nenad Senic）**與斯洛維尼亞行銷公司PM**。這個團隊共同經營斯洛維尼亞知名的內容行銷公司，也負責舉辦斯洛維尼亞最大的行銷盛事POMP Forum。
- **米希爾・斯昆霍芬**（Michiel Schoonhoven）**與NXTLI**（**荷蘭**）**的丹尼斯・多蘭**。他們的「內容影響力框架」（Content Impact Framework）是我看過最出色的內容行銷模式。
- **科爾・霍普斯**（Cor Hospes）。科爾是荷蘭知名的內容行銷專家，經營的部落格與電子報都很傑出。

- **馬克・馬斯特斯**（Mark Masters）。他的系列Podcast節目《個人即Podcast》（You Are the Media Podcast）從英國開始展露頭角。

結語

我會盡力回覆所有的推文和電子郵件，你可以透過Twitter @JoePulizzi以及電子郵件joe@zsquaredmedia.com聯繫我。雖然我已經減少演講的次數，不過一年之中還是會舉辦幾場演說活動，而如果你想進一步了解如何請我擔任活動演講人，請參考JoePulizzi.com的詳細說明。

感謝你閱讀本書，我衷心希望你能從中獲得寶貴的經驗。

現在就著手改變人生吧，追求不凡！

謝辭

感謝所出現在本書中的一百多家企業：內容創業模式是屬於你們的。謝謝你們為我帶來的啟發，讓我每一天都想更進步。

特別感謝Clare McDermott和Joakim Ditlev負責無數次的採訪，讓這本書得以成形。

感謝CMI團隊協助我完成這本書。

感謝Laura／Jim、Becky／Marc以及Kristin／JK，你們讓這趟旅程充滿樂趣。

親愛的兒子Joshua和Adam，千萬不要安於現狀，勇於發問。我以你們為榮。

感謝我的家人Terry與Tony Pulizzi、Lea與Steve Smith、Tony與Cathy Pulizzi、Jim與Sandy McDermott、Sandy Kozelka、Ryan與Amy Kozelka以及Laura Kozelka，謝謝你們無盡的愛與支持。

獻給我的摯友Pam，和你度過的每一天都比昨天更加精彩。我愛你，你（當然）是我的最愛！

腓立比書4:13 我靠著那加給我力量的，凡事都能做。

內容電力公司：用好內容玩出大事業（增補更新版）

Completely Updated and Expanded Second Edition：Start a content-first business, build a massive audience, and become radically successful (with little to no money)

作　　者　喬．普立茲 Joe Pulizzi
翻　　譯　廖亭雲
總 編 輯　周易正
特約編輯　林芳如
編輯協力　林佩儀、邱子晴
美術設計　廖韡
排　　版　孫慶維
印　　刷　釉川印刷

定　　價　520元
I S B N　978-626-97935-3-2

版　　次　2024年2月　增訂一版

出 版 者　行人文化實驗室（行人股份有限公司）
發 行 人　廖美立
地　　址　10074臺北市中正區南昌路一段49號2樓
電　　話　+886-2-3765-2655
傳　　真　+886-2-3765-2660
網　　址　http://flaneur.tw

總 經 銷　大和書報圖書股份有限公司
電　　話　+886-2-8990-2588

國家圖書館出版品預行編目（CIP）資料

內容電力公司：用好內容玩出大事業／喬．普立茲(Joe Pulizzi)作；廖亭雲翻譯．一增訂一版．一臺北市：行人文化實驗室，行人股份有限公司，2024.02
424面；14.8×21cm
譯自：Content Inc. : completely updated and expanded second edition : start a content-first business, build a massive audience and become radically successful (with little to no money)
ISBN 978-626-97935-3-2（平裝）
1.行銷策略 2.顧客關係管理
496　　113000726